KB266013

나는 화학으로
세상을 읽는다

나는 화학으로 세상을 읽는다

크리스 우드포드 지음 / 이재경 옮김

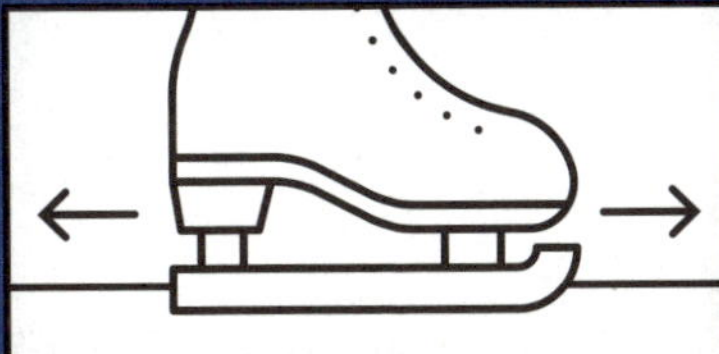

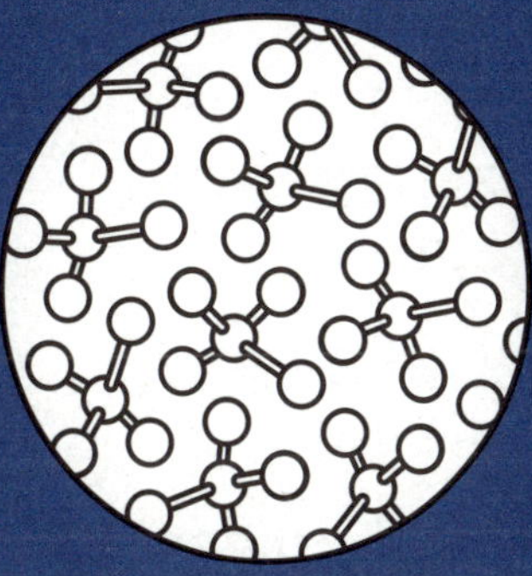

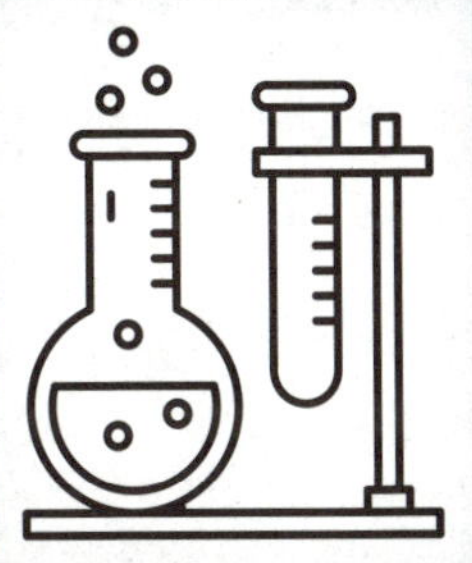

소소한 일상에서 만물의 본질이
보이는 난생처음 화학책

반니

차례

들어가는 글   6

1. 세상 모든 것의 재료   11
#원자 #금속

2. 스파이더맨의 정체   35
#접착 #마찰

3. 유리가 맑고 투명한 이유   57
#유리 #결정구조

4. 모든 물질은 늙는다   81
#탄성 #부식

5. 배수구와 만년필의 공통점   105
#물 #열

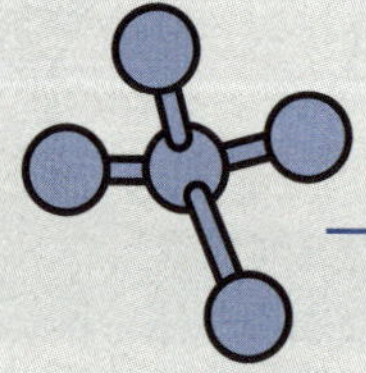

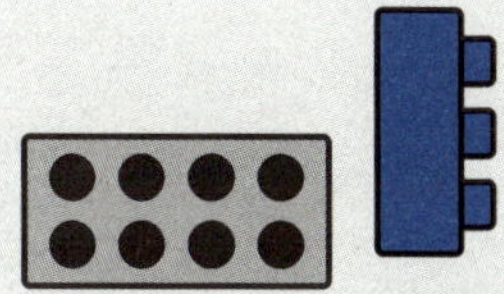

6. 빨래의 과학   129
#오염 #용해

7. 스웨터는 왜 따뜻할까?   149
#발열 #통기성

8. 휘발유부터 전기차까지   171
#에너지 #배터리

9. 디지털이 세상을 바꾸다   189
#디지털 #비트

미주   213

찾아보기   235

생전에 핵폭탄과 태양에너지 같은 판타지급 개념을 밥 먹듯 내놓았던 독일이 낳은 천재 슈퍼스타 과학자 알베르트 아인슈타인Albert Einstein, 1877~1955. 그 아인슈타인과 자신의 공통점이 얼마나 될까? 이런 질문을 받으면 당장 드는 생각은 이렇다. '별로?' 하지만 놀라지 마시라. 일단 우리와 아인슈타인의 DNA는 99.9% 일치한다. (물론 인간인 우리는 DNA를 침팬지와도 99%, 바나나와도 50% 공유한다. 하지만 이런 불편한 진실은 묻어두기로 하자.) 혹시 학교 다니기 싫었는가? 아인슈타인도 그랬다. 뛰어난 학생이었지만 그는 고등학교를 중퇴하고 1년 후 기술학교에 재입학했다. 중요한 시험에서 떨어진 적 있는가? 피차일반이다. 수학과 물리학에서 발군의 실력을 보였지만 아인슈타인은 취리히공대에 보기 좋게 낙방하고 재수의 길을 걸었다. 취업 일선에서 고군분투한 적 있나? 아인슈타인이라면 그 마음을 잘 안다. 그는 대학 졸업 후 연구직이란 연구직에 모두 지원서를 냈지만 헛수고였다. 전공을 살릴 길은 멀고 가족은 부양해야겠기에 그는 엉뚱하게도 보험회사에 취직했다가 그마저도 잘리고 결국 스위스 베른의 특허청 직원으로 들어가 그 지루한 일을 꽤 오래 했다. 20세기 최고의 과학자는 이렇게 여러모로 가장 보편적인 유형의 실패자였다.[1]

우리는 아인슈타인을 사랑하고 존경한다. 그 이유는 그가 상상을 초월하게 명석해서가 아니라 다행히 인간적인 허점이 있는 천재였기 때문이다. 그는 모든 것을 알 정도로 영리했고, 아무것도 모를 정도로 현명했다. 그는 칠판에 야릇한 공식들을 휘갈겨 놓고 악동처럼 웃었고, 시공을 고무줄처럼 늘리는 상대성이라는 다분히 당황스런 이론을 통해 물질, 에너지, 빛, 중력—과학의 가장 기초적인 개념들—을 재정의했다. 하지만 동시에 그는 근본적으로 과학은 사물을 바라보는 또 다른 방법일 뿐이며, 속세와 분리된 과학적 발상은 사람들에게 거의 또는 아무 의미도 없다는 것을 알고 있었다. 언젠가 그가 슬기롭게 말했다. "사람들이 사랑에 빠지는 데 중력은 책임 없다."

과학은 아인슈타인의 삶이었지만 딱히 우리의 삶은 아니다. 우리는 과학에 대한 생각을 1초도 하지 않고 수십 년을 보낼 수 있다. 하지만 어떤 방식으로든 과학을 이용하지 않고서는 단 1ns(나노초)도 살아남을 수 없다. 와이파이 인터넷부터 단열 창문까지, 뇌 스캔부터 시험관 아기까지, 과학은 현대의 삶을 구성하는 기술을 쏟아내지만 여전히 우리를 당황스럽게 한다. 학창 시절 몇 년씩 과학을 공부했다고 해서 달라지는 건 없다. 최근의 여론조사에 따르면 우리 중 80~90%가 과학에 '관심 있거나', '매우 관심 있으며' 과학의 절대적 중요성을 흔쾌히 인정한다. 하지만 30~60%가 과학은 너무 전문적이거나 이해하기 어려운 것으로 여기고, 14세 청소년의 3분의 2가 과학에서 아무 감흥을 느끼지 못한다. 우리는 오존층과 기후변화를 혼동하고, 원자력을 건널목을 건너는 것보다 더 위험하게 생각한다. 그리고 우리 중 70%가 신문과 TV가 과학을 과장한다고 생각하면서도 86%가 그 믿지 못할 미디어에서 정보를 얻는다.[2]

이 책은 솔깃하고 재미있게 일상의 과학을 탐구해서 위의 사태를 바로잡는 데 조금이나마 도움이 되기 위해 나왔다. 이 책이 다루는 과학의 영역은 집 주변이다. 거기서 온갖 일상의 것들 뒤에 숨은 놀랍고 흥미로운 과학적 설명을 풀어낸다. 꾸르륵대는 배수구와 삐걱대는 마룻바닥, 늘어난 속옷과 반짝이는 구두를 망라한다.

이 책은 비전문가들도 쉽게 읽도록 쓰여졌다. 따라서 복잡한 설명, 논쟁, 정량화는 최소화했고, 수학은 가능한 한 피했다. 다만 부연이 필요한 경우 해당 부분에 어깨 첨자를 달아 책 끝에 모아놓은 주와 참고문헌을 참조할 수 있게 했다.

포스트잇을 뗐다 붙였다 할 수 있는 이유는 무얼까? 연료 한 스푼으로 자동차가 과연 얼마나 갈 수 있을까? 유리는 왜 투명하고 왜 이리 무거울까? 전구 하나를 밝히는 데 몇 개의 원자를 쪼개야 할까? 이것들을 이해하는 데 고도의 지능은 필요 없다. 이 책은 로켓과학이 아니다. (로켓 얘기를 할 때도 로켓과학은 아니다.) 이 책에는 여러분이 당황해하거나 지루해할 수학이 거의 없다. 이 책을 이해하는 데 굳이 아인슈타인이 될 필요는 없다.

나도 아인슈타인은 아니다. 하지만 그의 논문 원본을 일부 읽었고, 그의 우아한 방정식에 머리를 긁적였다. 그의 말 중 가장 심오하고 진실한 것은 누구나 이해할 수 있는 간단한 문장이었다. "과학은 일상적 사고가 정제된 것에 지나지 않는다." 이것이 이 책에서 다루는 것이다. 말하자면 우리 모두를 위한 과학.

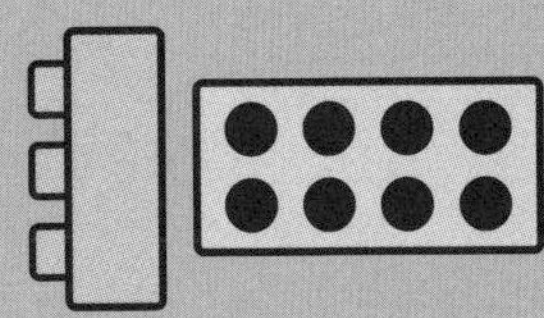
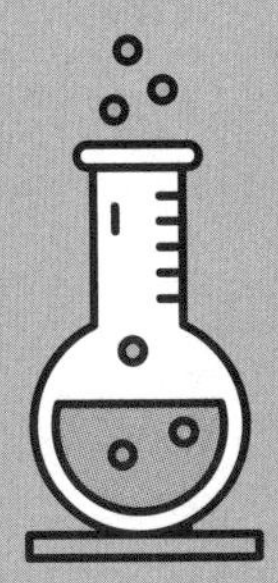

세상 모든 것의 재료

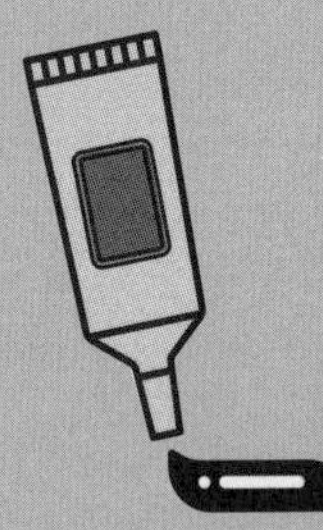

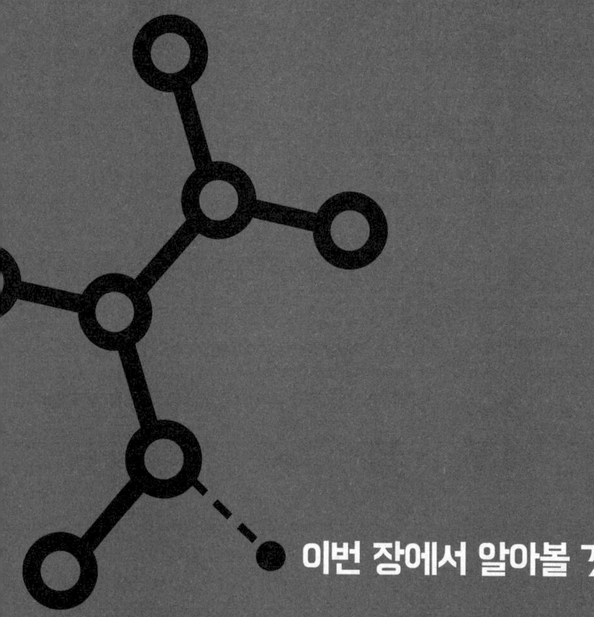

이번 장에서 알아볼 것

* 도대체 원자란 무엇일까?
* 전구 하나를 켜는 데 필요한 원자의 수
* 포크가 짭짤한 음식을 만나도 녹슬지 않는 이유

"피부 아래는 다 똑같다." 로자 파크스 Rosa Parks, 1913~2005와 마틴 루서 킹Martin Luther King, 1929~68 같은 미국 시민권 운동의 영웅들에게 영감을 준 진리다. 하지만 사회정의 교리인 동시에 과학적 사실이기도 하다. 이는 인간의 평등사상을 대변하는 것을 뛰어넘어 지구상 모든 것에 낱낱이 적용된다. 사람 피부, 소가죽, 수축 포장 비닐, 나무껍질 등 뭐가 됐든 모든 것 안에는 원자가 있다. 그리고 원자에 대한 이해 없이는 물질에 대한 이해도 없다.

상대를 잘 알지 않는 한 그 사람이 어떤 상황에서 어떻게 행동할지 전혀 예측할 수 없다. 겉으로 드러나는 행동거지는 그들이 내적으로 어떤 사람인가에 영향을 받는다. 어디에서 태어났고, 어떻게 성장했으며, 무엇을 배웠는지, 누구와 어울리며 살았는지, 무엇을 겪었고, 무엇을 했는지 등. 사람만 그런 게 아니다. 크리스털유리 디캔터, 상아 젓가락, 섬유유리

서핑보드, 양가죽 러그, 거실에 있는 작은 장식품 등등 뭐가 됐든 모든 것에는 같은 원리가 적용된다. 즉 겉모습은 그 이면의 속사정에 연동한다. 물질의 거동은 물질 내부에서 원자들과 분자들이 요동하고 뭉치는 방식에 달려 있다.

일상의 매순간 우리는 수십 가지 유형의 물질에 둘러싸여 있다. 종이, 카드, 나무, 다양한 플라스틱, 갖가지 금속, 유리, 도자기, 접착제, 면과 울과 폴리에스테르 같은 섬유 등. 창가의 고무나무 같은 생물과 고무 같은 천연물질과 접시 위를 구르는 소시지 같은 식료. 이 밖에도 엄청나게 많다. 우연에 의지해 일상과 사회를 갈팡질팡 헤매는 우리들과 달리, 일상의 물질은 그것의 용처와 완벽한 궁합을 이룬다. 경영학에 피터 법칙Peter Principle이란 게 있다. 그 법칙에 의하면 수직적 계층조직에서 구성원은 자기 역량을 넘는 수준까지, 즉 '무능의 수준'에 도달할 때까지 승진한다. 하지만 플라스틱이나 유리 같은 물질들은 시행착오조차 없이 완벽의 절정으로 솟아오른다. 만약 골동품 의자가 말을 할 수 있다면 거기 오크나무가 낡은 성경책을 꼭 잡은 시골마을 교구사제처럼, 완벽한 소명 속에 살아온 지복의 삶에 대해 속삭일 텐데.

대개의 경우 재료는 하는 일과 너무나 찰떡이라서 우리가 의식하지 못할 정도다. 우리는 재료를 용도에 매치하는 우리의 능력이 얼마나 뛰어난지 평소에 잊고 산다. 그러다 메레

오펜하임Méret Oppenheim, 1913~85의 모피 찻잔이나 살바도르 달리Salvador Dalí, 1904~89의 햇볕에 녹아 늘어진 시계 같은 예술적 충격을 받았을 때에야 비로소 재료의 의미를 느낀다. 이것이 인류 문명 궁극의 비법이다. 석기시대 돌망치부터 고릴라 글라스(gorilla glass, 일반 유리보다 얇고 가볍고 강한 이온 강화유리)에 이르기까지 재료는 무구한 세월을 거치며 발전에 발전을 거듭했다. 인류가 더 나은 재료를 더 적절하게 쓰는 새로운 방법을 끝없이 강구해온 결과다.

생명의 블록

강력한 현미경으로 들여다보면 그게 무엇이든, 강아지부터 휴지통까지 세상 만물이 그저 한 무더기의 원자에 지나지 않는다. 우리의 예상처럼, 풍선을 둥실둥실 뜨게 해주는 헬륨가스 같은 가벼운 것들은 가볍고 단순한 원자로 이루어진 반면 핵연료로 쓰는 우라늄처럼 무거운 것들은 복잡하고 크고 묵직한 원자들로 꽉꽉 차 있다. 어떠한 예외도 없이 지구상 모든 것은 미세해서 눈에 보이지 않는 100여 종의 성분으로 만들어진다. 이것을 생명의 레고 블록으로 생각하면 이해가 쉽다. 소종의 원자들로 사실상 어떤 것도 만들 수 있다. 탄소, 수소, 질소, 산소만 있어도 생물 대부분과 엄청나게 많은 무생물을 지을 원재료를 갖춘 셈이다(식물 대부분처럼 플라스틱 대부분도 이 네 가지 원자로 이루어진다).

원자가 작다는 건 모두 안다. 하지만 정확히 얼마나 작을까? 줄자로 평균적 원자의 너비를 재면(지금 당장은 이 줄자를 무엇으로 만들지, 우리가 그걸 어떻게 잡고 있을지에 대해서는 걱정하지 말기로 하자), 약 0.25nm(나노미터, 1nm는 1m의 10억분의 1이다)가 나온다. 이렇게 작은 크기를 상상하기는 쉽지 않지만 한번 해보자. 1mm(1,000분의 1m)를 100만 조각으로 똑같이 나누면 각각의 조각이 1nm다. 이것을 네 번 쪼개면 원자의 너비가 된다. 아직도 감이 오지 않는다. 이번엔 이렇게 해보자. 현재 지구의 인구가 약 70억 명이다. 이 70억 명이 원자라면, 그리고 이 70억 개의 원자를 차곡차곡 쌓아올리면 평균적 성인 한 명의 키와 비슷해진다. 원자는 이렇게 작다.

완전히 다르지만 똑같은 물질

물질과 물질을 다르게 만드는 것은 안에 있는 원자들만이 아니다. 원자들이 결합 방식에 따라서도 물질이 갈린다. 대표적인 예가 지구에서 가장 풍부하고 가장 필수적인 물질, 바로 물이다. 원자가 (금과 은 같은) 화학원소의 기본 단위인 것처럼 분자는 보다 복잡한 물질의 기본 구성요소다. 둘 이상의 원자를 붙이면 분자가 된다. 수소원자 두 개와 산소원자 하나가 결합하면 물 분자(H_2O) 한 개가 얻어진다. 수십억조 개의 물 분자를 손가락 끝에 담아 올리면 그것이 작은 물방울 하나다. 그 분자들을 유리컵에 붙여 냉동실에 넣으면 작디작은 얼음 지저깨비가 된다. 이것을 전기포터에 넣고 스위치를 누르면 물도 얼음도 사라지고 김이 아주 살짝 나다가 만다. 정확히 같은 원자들, 정확히 같은 분자들. 하지만 완전히 다른 물질들.

얼음일 때의 물 분자들은 서로 빽빽이 붙어 있고 단단히 묶여 있지만 그래도 여전히 어느 정도는 요동한다. 온수 상태에서는 물 분자들 사이의 공간이 널널해져서 서로서로 미끄러져 지나다닌다. 이것이 물이 흐르고 쏟아지는 이유다. 수증기 상태의 물 분자들은 훨씬 더 넓게 흩어져서 난폭 운전자들처럼 이리저리 팡팡대며 날아다닌다. 이런 식의 비유도 가능하다. 얼음덩어리는 콜라 컵 안에서 경쾌하게 댕그랑대고, 양동이의 물은 수평으로 뿌려져서 바닥을 가로질러 날아가다가 벽에 맞고, 수증기는 끓는 냄비에서 자욱이 올라와 금세 주방에 퍼진다. 1l들이 병에 물을 채워 냉동실에서 얼리면 부피가 약간 늘어난다. 물은 차가워지면 팽창하기 때문이다. 이것을 다시 녹여 냄비에 붓고 물이 다 없어질 때까지 끓이면 수증기로 대형 옷장을 가득 채울 수 있다. 수증기는 같은 질량의 물보다 공간을 약 1,600배 더 차지한다. 이것이 전기포트의 물을 몇 초만 오래 끓여도 주방이 세탁소처럼 수증기로 자욱해지는 이유다. 같은 마술이 반대 방향으로도 가능하다. 우리가 아는 먹구름은 거대하고 차가운 수증기 덩어리이며, 올림픽 규격 수영장을 가득 채울 만한 액체를 품고 있다.[1]

원자란 무엇일까?

원자를 볼 수도 없는데 그런 게 거기 있다는 걸 어떻게 알 수 있지? 다락에 쥐가 있다고 생각하는 건 생활이지만 마룻장 밑에 원자가 있다고 믿는 것은 과학이다. 과학이 신앙인의 믿음과 다른 게 무엇일까? 종교와 달리 과학은 증거로 움직인다. 동시에 과학은 원자가 우리 세계의 진정한 빌딩블록임을 말하는 수많은 증거의 축적물이다. 그 증거는 2,500년 동안이나 쌓여왔다. 일찍이 고대 그리스인도 원자를 믿었다. 원자atom라는 단어 자체가 옛날에 데모크리토스Democritos, 기원전 460~370가 '쪼갤 수 없다'는 뜻으로 만든 말이다. 데모크리토스는 최초로 우리 세계를 이 '보이지 않는 불가분의 입자들'로 채운 사상가다. 당시에는 그의 주장을 뒷받침할 증거가 거의 없었다는 점에서 그의 원자론은 획기적인 지적 성취였다.

현재 원자의 존재에 대한 증거는 대략 네 가지다. 화학반응, 전기, 방사능, 원자 분열. 첫째, 간단한 화학반응으로 알 수 있다. 예를 들어 두 가지 기체(산소와 수소)가 결합해 액체(물)를 만들고 이 결합이 항상 일정한 비율(산소 한 개와 수소 두 개)로 일어난다는 사실에서 두 원소元素의 관계와 그들을 이루는 원자原子들이 파악된다. 질척한 회색 금속(나트륨)을 지독한 유독가스(염소)와 섞으면 음식에 마음 놓고 뿌려먹는 소금(염화나트륨)이 나온다. 나트륨과 염소는 1:1의 비율로 결합한다. 이 관계에서 두 가지 원소와 그들을 이룬 원자들이 추가로 파악된다. 이런 식으로 수백 가지 화학반응을 관찰하다보면 결국에는 기본 원소들이 언제나 간단한 정수비로 결합한다는 사실을 알게 된다. 1:1, 2:1, 3:2 등등. 1803년 영국 화학자 존 돌턴John Dalton, 1766~1844이 그 일을 해냈다. 화학 원소들을 체계적으로 배열하면 2차원 (격자형) 재료표가 만들어지는데 이를 주기율표Periodic Table라고 한다. 주기율표는 우리가 마음대로 쓸 수 있는 화학성분의 전체 목록이다.

간단한 화학반응은 원자의 존재를 알려주고 다음 단계의 질문을 제시한다. 물과 소금이 원자로 이루어졌다면 원자는 무엇으로 이루어졌을까? 고대 그리스인들에게 이는 의미 없는 질문이었다. 원자란 '더 이상 쪼개지지 않는 것'이며 어떤 의미 있는 것으로도 이루어지지 않았기 때문이다. 이 주장이

암페어, 볼타, 패러데이 같은 과학자들이 전기의 신비를 파고
들었던 19세기 전까지는 완벽히 합리적인 결론으로 통했다.
1897년 영국의 J. J. 톰슨Joseph John Thomson, 1856~1940이 오
늘날 전자로 부르는 전기에너지의 기본 묶음을 규명하면서,
원자의 존재에 대한 두 번째 증거가 대두했다. 이 증거는 원
자의 존재만 증명한 것이 아니라 원자 안의 세계, 즉 '아원자
亞原子' 세계가 눈부신 완전체로 존재함을 증명했다.[2] 다행히
톰슨은 학동 시절 그에게 이다음에 크면 무엇을 하고 싶은지
물어보는 사촌 앞에서 기죽지 않았다. "독창적 연구." 톰슨이
대답했다. "놀고 있네." 사촌의 반응이었다.[3] 만약 톰슨이 그
시점에서 꿈을 접고 그냥 의사나 회계사가 됐다면? 그래서
만약 전자의 발견이 수십 년 늦어졌다면 어떻게 됐을까? 20
세기의 전자 혁명과 컴퓨터 혁명이 통째로 50년 이상 연기됐
을지도? 대단히 흥미로운 가정이다.

원자 쪼개기

이와 비슷한 시기에 원자에게 비밀스런 속사정이 있다는 한
층 강력한 증거가 프랑스에서 떠오르고 있었다. 1896년 앙리
베크렐Henri Becquerel, 1852~1908이 우라늄이 자연적으로 투
과성 방사선을 방출한다는 것을 발견했다. 우라늄 방사선은
엑스선과 비슷했지만 훨씬 더 강력했다. 방사선을 뿜어내는

능력, 즉 오늘날 방사능이라고 부르는 것을 쉽게 이해하려면, 작은 입자들이 잔뜩 들어찬 거대한 원자들을 상상하면 된다. 이 괴물 원자 중 일부는 동위원소라고 부르는 불안정한 흥분 형태로 존재한다. 이들은 어떻게든 보다 안정된 상태가 되려고 난리를 치고, 그러기 위해 원치 않거나 필요치 않은 소립자들을 밖으로 내던진다.

마리 퀴리Marie Curie, 1867~1934와 그녀의 남편이 베크렐의 발견을 진일보시켰다. 퀴리는 방사능 연구 후유증으로 백혈병으로 세상을 떴다. 숭고한 희생이었다. 퀴리의 연구 덕분에 방사선 치료법이 암 같은 질병에 적용돼 지금까지 수많은 생명을 구했다.[4] 과학적 발견은 지나서 생각하면 매혹적으로 보인다. 퀴리의 연구는 1943년 그리어 가슨Greer Garson, 1904~96과 월터 피전Walter Pidgeon, 1897~1984이 주연한 할리우드 영화의 소재가 됐다. 하지만 대개의 실험실 연구는 지겹고 따분할지언정 결코 매혹적이지 않다. 우리는 통찰이 번쩍비약하는 순간과 그 속의 과학 영웅을 기억할 뿐, 그 장면 뒤로 이어져온 지루하고 지난한 연구과정은 잊는다. 퀴리의 발견은 4년에 걸친 5,677번의 반복적 실험과 유용한 라듐 화합물 1g을 얻자고 역청(우라늄과 라듐의 원광)을 8톤이나 가마솥에 끓인 끝에 얻어낸 것이었다.[5]

퀴리의 비극 때문에 애초부터 방사능은 위험하다는 인식이 생겼다. 이 서사가 오래 이어지며 지금까지도 이것이 우리가 원자력 발전을 신뢰하지 못하는 이유가 됐다. 더구나 히로시마의 버섯구름에 대한 기억은 끔찍하게 긴 반감기를 가진다. 여기에 더해 1986년 체르노빌과 2011년 후쿠시마에서 일어난 원전사고의 재앙이 원자력에너지에 대한 깊고 짙은 의구심과 혐오를 불러일으켰다. 사실은 자연의 방사능이 암을 훨씬 더 많이 야기한다.[6] 하지만 퀴리의 개척정신이 여전히 여기저기서 이어지고 있다. 〈파퓰러 사이언스*Popular Science*〉지 1955년 7월호의 한 흥미로운 기사에 따르면, 원자력위원회Atomic Energy Commission가 내건 '두둑한 상금'에 자극받은 아마추어 우라늄 탐사자들이 우편 주문으로 구입한 가이거 계수기로 무장하고 어둠을 틈타 일하고 있다.

어느 모자母子가 단파 자외선 램프를 구입하고 광물 탐사에 관한 서적을 탐독한 뒤 최근 밤마다 산지를 배회하는 일이 있었다. … 이 뉴스가 퍼지자 한 달 새에 수백 건의 상금 청구가 잇달았다.[7]

2014년 2월, 13세의 영국 학생 제이미 에드워즈Jamie Edwards가 핵융합(nuclear fusion, 가벼운 원자핵이 서로 결합해 더 무거운 원자핵이 되는 과정)을 달성한 최연소 도전자가 됐다. 그는 크리스마스 용돈을 모아 가이거 계수기를 구입해 이런 쾌거를 이뤘다.[8] J. J. 톰슨이 무덤에서 뿌듯했을 일이다.

방사성 우라늄 같은 불안정한 원자들은 더 안정적인 원자가 되기 위해 계속 붕괴한다. 하지만 이것이 원자가 변할 수 있는 유일한 방법은 아니다. 여기서 네 번째이자 마지막 증거가 대두한다. 이 증거는 원자가 존재하며 원자가 전자 같은 더 작은 입자들로 구성된다는 것뿐 아니라 원자의 정확한 내부 구조까지 밝혔다. 최초의 '원자 쪼개기'가 뉴질랜드 출신 물리학자 어니스트 러더퍼드Ernest Rutherford, 1871~1937의 업적으로 널리 알려져 있지만, 사실 그 영광은 20세기 초반 작디작은 원자들과 씨름했던 여러 과학자와 공유돼야 한다.

1910년 맨체스터에서 원자핵의 존재를 처음으로 확인하고 원자구조를 밝혀낸 방사성원소의 알파입자 산란 실험이 있었다. 이것이 러더퍼드의 공훈으로 알려져 있지만 사실 이 실험은 그의 두 조교 한스 가이거Hans Geiger, 1882~1945와 어니스트 마스든Ernest Marsden, 1889~1970이 수행한 것이었다. 두 사람이 양전하를 띤 헬륨 원자들을 금박지에 쏘았더니, 알파입자(α-particle, 헬륨의 원자핵) 대부분은 금박지를 그대로 통과했지만 미량(대략 8,000개 중 하나)은 각기 다른 각도로 튕겨져 나왔고 그중 몇몇은 쏜 각도로 되돌아왔다. 이때 러더퍼드가 비틀거리며 이런 유명한 말을 했다고 한다. "이건 휴지조각에 15인치 포탄을 발사했더니 반사돼서 나를 맞춘 거나 다름없어." 이 놀라운 현상은 사실 지금 생각하면 당연한 결과였다(그래서 후세대를 뒷북세대라고 한다). 양전하를 띤 헬륨이 금 원자의 양전하 중심핵에 명중했을 때 같은 극을 만난 자석처럼 튕겨나간(과학자들의 표현에 따르면 '산란된') 것이다. 러더퍼드의 실험은 원자 내부의 생김새에 대한 당대의 미스터리를 깔끔하게 해결했다. 원자 내부는 대부분 비어 있고, 원자의 질량은 대부분 원자핵(그중에서도 양성자)에 몰려 있다. 상대적으로 엄청 가벼운 전자들은 원자핵 주위를 빙빙 돌며 흐릿한 공허의 구름을 형성한다.

이제 원자 쪼개기는 전혀 새롭지 않은 일이 됐다. 러더퍼드 '입자가속기'의 현대판 후손들이 원자를 입자들로, 그 입자들

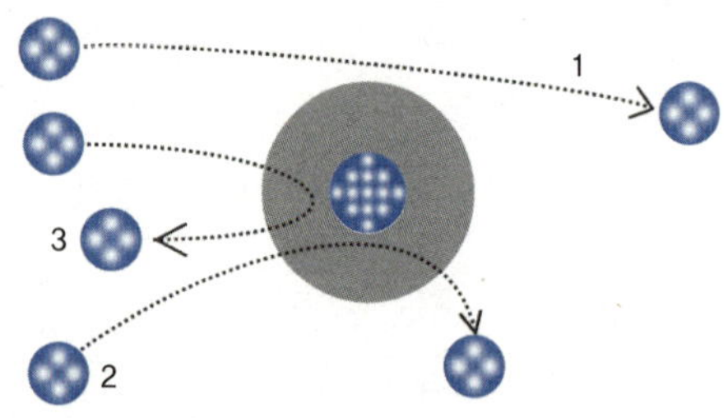

구식 원자 쪼개기 러더퍼드는 알파입자들을 금박지에 발사하고 무슨 일이 일어나는지 관찰했다. 알파입자의 대부분은 1. 방해받지 않고 금박을 뚫고 직진했다. 2. 몇몇은 매우 큰 각도로 구부러졌다. 3. 한두 개는 왔던 방향으로 곧장 되돌아왔다. 이 실험에 따라 러더퍼드는 금 원자가 빈 공간으로 둘러싸인 중심핵과 그 주변에 점점이 떠 있는 전자들로 이루어져 있다는 것을 알아냈고, 꽤 정확하게 금 원자핵의 크기를 추산했다.

신식 원자 쪼개기 유럽원자핵공동연구소의 거대 강입자 충돌기에서 양성자들을 충돌시키면 충돌의 여파로 100개 이상의 다른 입자들이 생성돼 각각 선의 형태로 자국을 남긴다. (루카스 테일러Lucas Taylor의 삽화. Copyright © CERN 2010)[9]

을 더 작은 입자들로 쪼개왔다. 오늘날은 원자에 수십 개의 하위 입자가 있다는 것이 상식이다. 아원자 입자들은 이제 구닥다리가 된 양성자와 중성자부터 비교적 최근에 인지된 힉스입자Higgs boson까지를 아우른다. '신의 입자'로 불리며 입자물리학계의 관심을 모은 힉스입자는, 과학자들이 수십 년의 세월과 수십억 유로의 돈을 써가며 제네바 근처 유럽원자핵공동연구소Conseil Européenne pour la Recherche Nucléaire, CERN의 거대 원형 입자가속기인 강입자 충돌기Large Hadron Collider, LHC로 죽어라 추적해온 알쏭달쏭한 입자다.[10]

원자를 박살내는 데 꼭 시간과 돈이 드는 것은 아니다. 비교적 최근까지 우리들 대부분이 거실에서 밤마다 하던 일이다. 구식 브라운관 TV는 금속 발열체(cathode, 음극)를 '끓여' 거기서 방출되는 전자(cathode rays, 음극선)를 잽싸게 진공 유리관으로 모아다 자석으로 유도해 유리관 앞쪽 형광면에 충돌시킨다. 이때 발생하는 빛이 우리가 보는 화면을 만들어 내는 것이다.

연료의 연료

원자를 한데 모으기는 정말 힘들다. 원자들이 가까워질수록 더 힘들어진다. 이론적으로는 수증기를 쥐어짜면 물이 되고, 그것을 더 짓누르면 얼음이 되어야 한다. 마찬가지로 이론적으로는 다량의 탄소, 수소, 산소 원자들을 한데 섞고 압착하면 직접 휘발유, 석탄, 땔감을 만들 수 있다. 이런 연료들을 태우면 속에 갇혀 있던 에너지가 방출되는데 이 에너지가 애초에 원자들을 압박해 연료 분자들(탄화수소)로 만드는 데 들어간 바로 그 에너지다. 우리가 맨손으로 연료를 만들 수 있다면? 그래봤자 부질없는 일이다. 우리가 공급한 에너지를 다시 얻는 것뿐이기 때문이다. 다행히 화석연료는 자연에 의해, 자세히는 태양과 지구 내부의 압력과 열에 의해 만들어졌기 때문에 우리는 애초에 에너지를 투입하지 않고도 에너지를 얻는 호사를 누린다.

분자에 적용되는 것이 원자에도 적용된다. 이론적으로는 원자를 이루는 작은 조각들(양성자, 중성자, 전자)을 억지로 뭉쳐서 원자를 만들 수 있다. 물론 실현하는 데 엄청난 에너지가 필요하지만 일단 실현되면 에너지가 회수된다. 이 과정을 핵융합이라고 한다. 마찬가지로 원자를 박살내서 무시무시한 양의 에너지를 방출시킬 수도 있다. 20세기 초까지는 그게 가능하다는 것을 아무도 알지 못했다. 아인슈타인이 1905년 유명한 방정식 $E = mc^2$을 세움으로써 최초로 그 비밀의 열쇠를 제공했다. 광속(c)은 매우 큰 수(300,000,000)이며 c^2(c 곱하기 c)은 가공할 수(90,000,000,000,000,000)가 된다. 따라서 극히 적은 양의 질량(m)도 엄청난 양의 에너지(E)를 만들어내게 된다. 이렇게 말해도 실질적인 사례가 없다면 모두 건조한 이론으로 들릴 뿐이다. 원자가 만들어내는 가공할 에너지를 전 세계가 처음 실감한 것은 1945년 비교적 작은(3.3m) 두 개의 원자폭탄이 일본의 히로시마와 나가사키를 쓸어버렸을 때였다. 이때 적용된 원자력 방출 방식을 핵분열nuclear fission이라고 한다. 핵분열은 원자핵이 쪼개지면서 열의 형태로 에너지를 방출하는 과정이다. 그로부터 반세기가 지난 현재 우리는 원자력발전소에서 원자를 쪼개서 만드는 전기를 쓰고 있다. 정말로 놀라운 공식이 아닐 수 없다.

전구를 밝히려면 몇 개의 원자가 필요할까?

우리에게 우라늄(대개의 원자력발전소에서 연료로 사용하는 무거운 원소) 1g이 있고, 거기 들어 있는 원자를 모두 쪼개서 에너지를 얻는다고 가정하자. 그걸 매초 수행한다면 100GW(기가와트)의 전력이 생산된다. 대형 원자력발전소의 생산력이 2GW에 불과한 것을 감안할 때 엄청난 양이다. 다시 말해 우리가 고작 1g의 우라늄에서 얻는 것이 50여 개 발전소의 발전량과 맞먹는다.[11] 실제로 원자력발전소는 생각보다 비교적 적은 연료를 비교적 느리게 사용하기 때문이다.

이번에는 같은 숫자들을 반대 방향에서 보자. 즉 10W의 저에너지 램프를 켜려면 매 초 약 3,000억 개의 우라늄 원자를 쪼개야 한다. 숫자가 크다. 하지만 놀랄 일은 아니다. 알다시피 원자는 정말로, 정말로 작기 때문이다.

무엇이 물질을 다르게 만들까?

음료, 식료 일부, 세제 등을 제외하면 우리가 집 안팎에서 쓰는 물질은 대부분 고체다. 과학 버전의 인테리어 디자인을 논해보자. 즉 물질 내부의 원자와 분자의 배열 방식과 결합 방식이 물질을 각기 다르게 거동하게 한다. 다시 말해 우리가 유리창에는 유리를 끼우고 벽에는 벽돌을 쌓는 이유를 '내부 사정'에서 찾을 수 있다. 재료를 하나 골라잡고 분자들과 원자들을 들여다보면 흥미롭고 독특한 특징을 발견하게 된다. 어떤 일에는 완벽하지만 다른 일에는 젬병인 특징들.

우리 주위에 흔한 몇몇 물질의 내부를 들여다보고 무엇이 그 물질의 쓸모를 결정하는지 알아보자.

금속의 정체

철은 지구에서 가장 단순한 물질 축에 든다. 철의 내부 구조를 들여다보는 것은 똑같은 크기의 구슬 수백 수천 개가 빼곡히 들어찬 상자의 뚜껑을 여는 것과 비슷하다. 각각의 구슬은 각각의 철원자에 해당한다. 이 원자들이 나란히 줄지어 그리고 층층이 쌓여 있다.[12] 여기까지는 좋다. 그런데 이것이 쇠막대기의 쓸모를 어떻게 설명할 수 있지? 철은 원자들이 서로 달라붙을 정도로 빽빽하게 들어 있기 때문에 (분필이나 치즈보다) 상대적으로 단단하다. 하지만 동시에 (강철이나 다이아몬드보다는) 상대적으로 무르다. 철을 망치로 두들겨 더 나은 모양으로 만들 수 있다. 원자의 층층들이 서로를 행복하게 미끄러지기 때문에 가능한 일이다. 또 다른 단단한 물질인 유리와 달리 철은 원자들이 위치 이동을 꺼리지 않기 때문에 모양을 잡을 때 구부러진다. 반면 유리는 원자들이 전체 구조를 허물지 않고는 새 장소로 이동하지 못해 산산이 부서진다.

또한 철은 전기를 잘 유도한다. 원자들이 밀집한 구조에서는 각 원자의 외곽을 도는 전자들이 서로 맞물려 전체 구조를 아우르며 앞뒤로 출렁이는 일종의 흐릿한 바다를 형성해서 전기를 이편에서 저편으로 운반하기 때문이다. 열기도 비슷한 방식으로 철을 타고 흐른다. 열이 눈에 보이지 않는 전달 게임을 하듯 원자에서 원자로 옮아간다. 철을 충분히 가열하면 벌겋게 달아오른다. 원자들이 열에너지를 흡수해서 (붉은) 빛의 형태로 내놓기 때문이다.

철처럼 단순한 물질에도 그 안에 과학적 비밀이 숨어 있다.

철을 고온으로 가열해서 소량의 알루미늄을 첨가하면 이 혼합물이 다시 식었을 때, 철에 알루미늄이 녹아들어 알루미늄 원자들이 철의 결정구조 내부에 완벽하게 통합됐음을 알 수 있다. 한 금속이 다른 금속을 용해시켜 고용체(solid solution, 완전하게 균일한 상을 이룬 고체 혼합물)를 형성한 경우다.

금속의 궁합

금속은 꽤 단순하다. 대개는 좋고 가끔씩만 나쁘다. 예를 들어 철의 문제점 중 하나는 잡아당기거나 구부리는 힘에 '다소' 약하다는 것이다. (엔지니어링 용어로는 인장강도가 낮다.) 하지만 철에 탄소를 첨가하면 작은 탄소원자들이 철원자들 사이사이를 채워서 훨씬 강한 물질이 된다. 주철(무쇠), 연철, 강철이 이렇게 만들어진다. 이들을 통틀어 철 합금이라고 한다. 합금은 한 가지 금속에 한 가지 이상의 물질을 넣은 혼합물을 말한다. 강철이 철보다 강하다. 작은 '사이질interstitial' 탄소원자들이 조직을 파고들어 철원자들이 이리저리 뒤섞이는 걸 막기 때문이다.

철의 다른 더 큰 문제는 쉽게 녹슨다는 것이다. 한 가지 방법은 철교 같은 거대한 철 구조물의 경우 반복해서 페인트를 칠하고 또 칠하는 것이다. 더 나은 해법은 철-탄소 혼합물에 크롬을 첨가해서 한층 정교한 합금을 만드는 것이다. 이 철

합금이 바로 우리가 스테인리스강이라고 부르는 것이다. 스테인리스강 나이프와 포크는 왜 녹슬지 않을까? 재질의 90%가 철인 데다 생애의 반을 피시 앤 칩스처럼 염분 가득한 물질에 파묻혀 사는데, 염분은 녹을 유발하기로 악명 높은 데 왜 녹슬지 않는지, 그동안 궁금하지 않았는가? 답은 크롬원자다. 크롬원자가 공기 중의 산소와 반응해 얇은 산화크롬 외피를 형성하고, 이 외피가 산소와 물이 녹에 약한 철의 내부로 침투하는 것을 막는다.

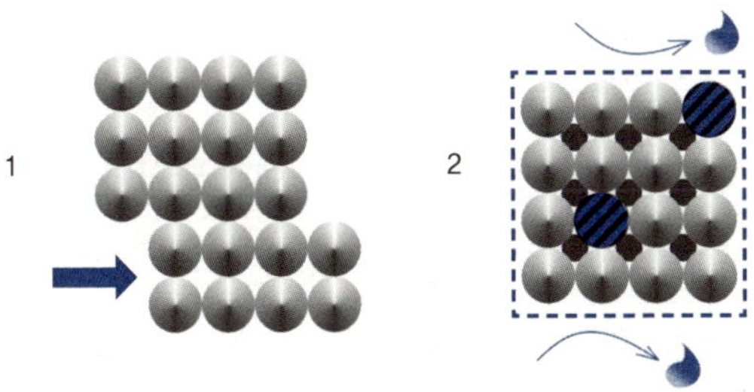

철의 작용 1. 철은 원자들이 층층이 쌓인 구조다. 철을 구부리고 모양을 만들 수 있는 건 이 층들이 서로 엇갈려 미끄러지기 때문이다. (그렇다고 쉽게 구부러지지는 않는다.) 2. 스테인리스강은 철보다 강하다. 철에 탄소원자들(작은 검정색 원)을 주입하면 탄소원자들이 철원자들 사이의 공간을 채워서 철원자들이 쉽게 움직이지 못하게 한다. 이것이 강철이다. 이 강철에 다시 크롬원자들(줄무늬 원)을 첨가하면, 크롬원자들이 공기 중의 산소와 반응해 물이 조직 안으로 침투하는 것을 막는 산화크롬 보호 코팅(점선)을 형성한다. 이것이 녹슬지 않는 스테인리스강이다. 강철이나 스테인리스강 같은 합금들은 철이 원자들의 조력으로 더욱 강해진 것이다.

완벽한 물질, 플라스틱?

우리는 플라스틱을 값싸고, 알록달록하고, 쉽게 쓰고 쉽게 버리는 것의 대명사로 생각한다. 실제로 이것이 플라스틱이란 단어의 뜻이 됐다. 심지어 플라스틱이 가짜, 진부함의 뜻까지 덮어썼다. 하지만 플라스틱은 한 가지가 아니라 수십 수백 가지다. 플라스틱은 본질적으로 유연성이 있어서 여러 다양한 방식으로 유용하게 쓰인다. 플라스틱 제품은 참으로 다양하게 제조된다. 금속, 나무, 유리, 면 등 사실상 우리가 생각해낼 수 있는 그 어떤 물질과도 비슷하게 만들 수 있다. 하지만 이 유사함은 피상적인 것일 뿐이다. 플라스틱 내부는 여타 물질과 매우 다르다.

쇳덩어리는 철원자로 돼 있지만 플라스틱 덩어리는 플라스틱 원자로 돼 있지 않다. 플라스틱은 대개 폴리머(polymer, 다량체)라고 부르는 고분자로 이루어지며 각각의 폴리머는 대개 탄소, 수소, 산소, 질소를 기반으로 한다. 폴리머는 모노머(monomer, 단량체)라고 부르는 단순한 분자를 긴 사슬처럼 끝없이 중첩시켜 만든 것이다. 석탄 화물열차가 폴리머라면, 기관차 뒤에 줄줄이 연결된 각각의 화물칸은 모노머다. 플라스틱은 유연하면서도 놀라운 견고성과 탄성을 자랑한다.

해변을 청소해본 사람은 바다에서 밀려온 쓰레기의 대부분이 플라스틱이란 것을 안다. 더구나 플라스틱은 경악스러울 정도로 오래간다. 플라스틱이 분해되는 데 평균 500년 가까이 걸리는 것으로 추산된다. 종이나 나무 같은 단순한 물질들과 달리, 플라스틱의 기다란 사슬형 폴리머 구조는 공기, 물, 빛, 열 등 물질들을 분해하는 모든 것의 공격에 매우 강하기 때문이다. 다른 이유도 있다. 지극히 먹성 좋은 (식성도 특이한) 극소수의 박테리아를 제외하면, 지구의 어느 생명체도 플라스틱을 먹거나 소화시키는 방법을 익히지 못했다.[13] 지금은 사방에 흔해빠진 플라스틱이 불과 한 세기 전에는 존재하지도 않았다.[14] 500년 후 불멸의 플라스틱으로 뒤덮인 지구의 모습을 상상해보는 것도 나쁘지 않다. 물론 500년의 시간 규모를 상상하기란 쉽지 않다. 이렇게 생각해보자. 만약 헨리 8세가 플라스틱을 썼다면 오늘날에도 그의 칫솔이 옛날 모습 그대로 발굴되고 있을 거라는 정도?

플라스틱은 수명은 억세게 길지만 부드럽고 유연하다. 폴리머 사슬이 꽤 약한 결합으로 묶여 있기 때문이다. 자유전자의 바다가 출렁이며 전기와 열을 전달하는 금속과 달리, 플라스틱의 전자는 모두 원자 안에 안전하게 들어앉아 있기 때문에 열과 전기가 플라스틱 물질은 쉽사리 통과하지 못한다. 하지만 플라스틱이 다 그런 건 아니다. 플라스틱이 모두 부드럽고 약한 것도 아니다. 나일론의 가까운 친척인 인조섬유 케블라Kevlar는 막대기 모양의 미세 섬유질로 이루어져 있는데

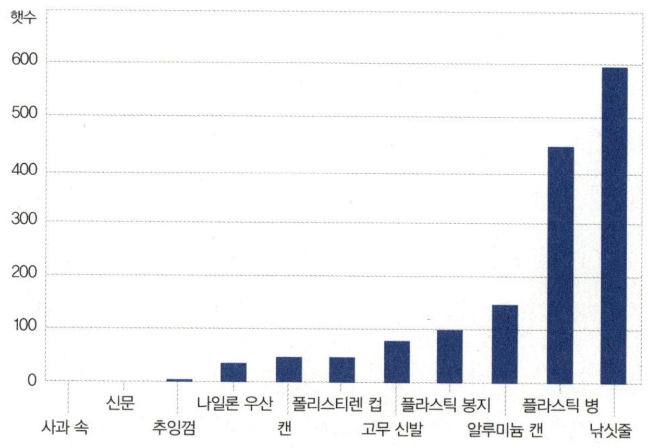

쓰레기의 분해 기간 플라스틱이 천연물질보다 환경에 오래 남는다는 것은 놀라운 일도 아니다. 정말 놀라운 것은 그것이 얼마나 오래 썩지 않고 쌓여 있느냐다. 답은 무려 수백 년이다. 물질의 지속성은 햇빛, 물, 열, 박테리아 같은 자연물들이 얼마나 쉽게 내부구조를 분해해서 보다 무해한 것으로 되돌려놓을 수 있는지에 달려 있다.[15]

이 섬유들이 성냥갑의 성냥들처럼 같은 방향을 가리키며 정말 물샐 틈 없이 빼곡하게 정렬해 있어서 같은 무게일 때 강철보다 무려 다섯 배나 강하다. 케블라 섬유를 30겹 맞대면 1,500km/h 이상의 속도로 날아오는 총알도 막을 수 있는 두툼한 방탄 이불이 만들어진다.[16]

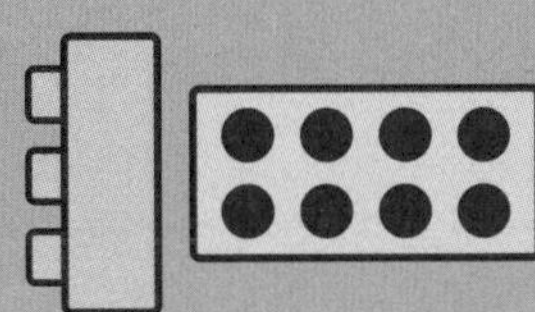
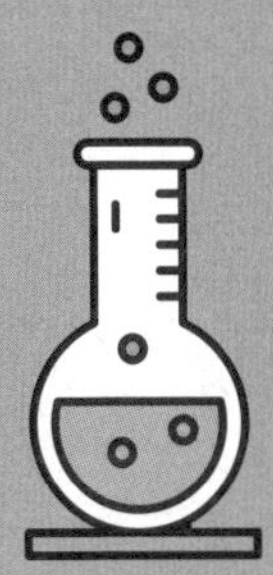

스파이더맨의 정체

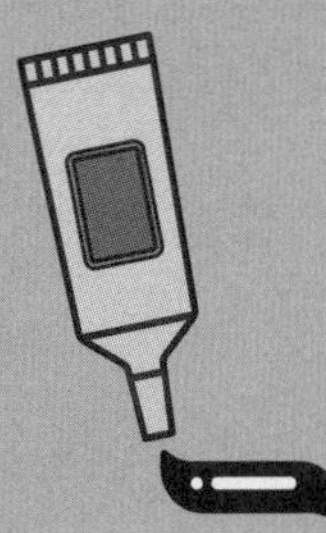

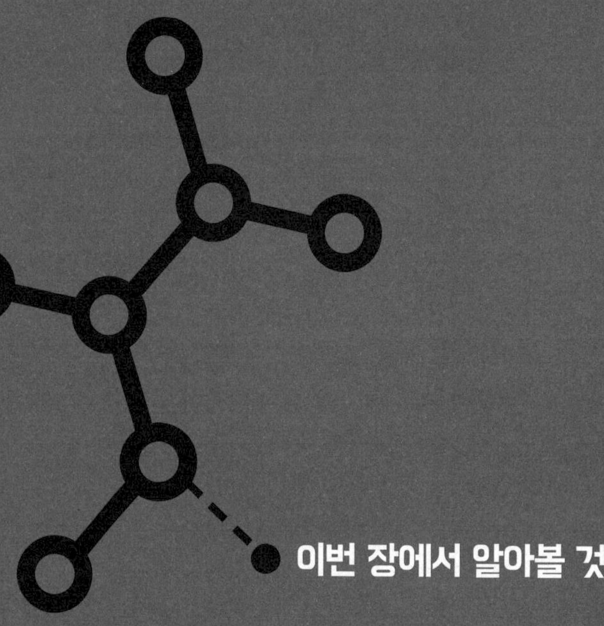

이번 장에서 알아볼 것

* 정전기를 활용한 슈퍼 접착제의 원리
* 포스트잇을 뗐다 붙였다 할 수 있는 이유
* 빙판에서 미끄러지는 것을 방지하는 방법
* 젖은 바닥은 왜 미끄러울까?

붙느냐 붙지 않느냐, 그것이 문제로다. 생뚱맞게 들릴지 모르지만 이것이 우리가 매일 1,000가지 방식으로 묻는 질문이다. 접착제를 자주 사용하지 않을 수도, 심지어 집에 접착제가 없을 수도 있다. 하지만 우리가 하는 모든 것, 그야말로 세상 모든 일이 결국은 둘 중 하나다. 들러붙거나 떨어지거나. 숨을 쉴 때마다 보이지 않는 기체가 도중에 막히는 일 없이 미로 같은 기관을 미끄러져 들어가 폐에 도달한다. 우리가 먹고 마시는 음식과 음료도 마찬가지다. 그럼 위층으로 올라가는 것은? 그건 발이 (아주 잠시나마) 카펫이나 마룻바닥에 들러붙기 때문에 가능한 일이다. 이는 봉투에 우표를 붙이는 것 같은 보다 명백한 종류의 끈적임에 선행하는 끈적임이다. 원초적 끈적임이라고 할까. 우리는 대개 뭐가 잘못됐을 때에만 끈적임과 미끄러움의 차이에 주목한다. 들러붙어야 할 것이 미끄러질 때, 또는 미끄러워야 할 것이

들러붙을 때. 슈퍼마켓의 "젖은 바닥 주의!" 표지판, 모서리가 말리며 벗겨지는 벽지, 유리컵 밑에 달라붙은 잔받침 등은 우리가 얼마나 접착성—붙느냐 떨어지느냐—의 과학에 의존하는지를 상기시키는 대표적인 경우들이다.

무엇이 달라붙게 하는 걸까?

자석이 냉장고에 붙어 있다. 자성이라는 보이지 않는 힘이 금속과 금속을 꽉 들러붙게 하기 때문이다. 어디에도 접착제는 보이지 않는다. 접착제가 있든 없든 모든 종류의 끈적거림과 미끄러움에는 같은 이치가 적용된다. 뭔가가 다른 뭔가에 달라붙을 때는 반드시 그것들을 한데 붙드는 힘이 있다. 그것들이 달라붙지 않거나 미끄러질 때도 대개는 같은 힘이 있다. 다만 둘을 묶기에는 힘이 모자랐을 뿐이다.

눈에 띄게 아름답지만 다소 무거운 벽지를 붙이는데, 벽지가 붙어 있지 않고 자꾸 다시 떨어진다고 치자. 무슨 연유일까? 겉보기에는 단순히 중력(벽지를 벽에서 벗겨지게 하는 벽지의 무게)과 풀(벽지를 벽에 붙여두는 힘) 사이의 싸움처럼 보인다. 하지만 실제는 보기보다 복잡하다. 실제로는 서로 다른 세 가지 접착성이 관여하기 때문이다. 첫째, 풀이 벽지에 붙어 있어야 한다. 둘째, 풀의 반대편이 벽에 붙어 있어야 한다. 그리고 흔히 간과되는 세 번째는 풀도 스스로 뭉쳐 있어야 한다는 것이다. 벽에서 떨어진 벽지를 보라. 풀의 일부는 여전히 벽지 뒷면에 붙어 있고 나머지는 벽에 남아 있다. 이는 풀이 벽지와 벽에는 성공적으로 달라붙었지만 스스로 뭉쳐 있는 데는 실패했다는 뜻이다. 또 다른 예가 잼 샌드위치를 만들 때다. 샌드위치를 만들었다가 빵 두 쪽을 도로 떼어보라. 잼이 양쪽 빵에 다 붙어 있다. 이것도 풀(잼)이 먼저 실패한 경우다. 잼이 양쪽 빵에 붙어 있을 힘보다 스스로 뭉쳐 있을 힘이 약했던 거다.

응집력과 접착력

보다 면밀히 살펴보면 앞의 세 가지 접착성은 사실상 두 종류다. 자기들끼리 달라붙느냐, 다른 것들에 달라붙느냐. 이 두 가지 유형의 힘을 응집력cohesion과 접착력adhesion이라고 한다. 우리가 풀을 접착제라고 부르는 건 그것을 다른 것에 바르면 강력한 접착력을 발휘한다고 믿기 때문이다. 하지만 풀이 정말로 효과적으로 기능하려면 강력한 응집력이 필요하다. 그래야 중간에서 쪼개지지 않는다. 따라서 풀을 풀답게 하는 세 가지 유형의 접착성을 모두 반영해서 풀을 접착-응집-접착제로 부르는 것이 보다 정확하다.

접착력과 응집력이 나란히 작용하는 가장 친숙하고 가장 주목할 만한 예가 바로 물이다. 진정한 응집력의 대명사인 물 분자들은 심지어 근처에 움켜잡을 수 있는 다른 것들이 있을 때도 자기들끼리 똘똘 뭉친다. 이것이 비가 방울방울 후두둑 떨어지는 이유다. 그럼 어째서 폭풍우는 무시무시하게 거대한 한 방울의 덩어리로 철퍼덕 떨어지지 않는 걸까? 답은 그렇게 거대한 방울은 불안정해서다. 비가 올 때 공기와의 충돌이 빗방울들을 계속해서 더 작은 조각들로 부수기 때문에 빗방울이 약 5mm 이상 커질 기회란 전혀 없다.[1] 일반적으로 물은 접착력보다는 응집력이 훨씬 강하다. 이것이 빗방울이 퍼지거나 흩어지지 않고 잎사귀 위에 진주처럼 영롱하게 맺힐 수 있는 이유다. 비 오는 날, 창문을 두들기는 비를 바라본 적이 있는가? 마치 유리에 보이지 않는 수로들이 있는 것처럼 물방울들이 창에 또렷한 줄무늬를 그리며 흘러내린다. 이것도 물의 응집력 때문이다. 새로 떨어지는 방울은 유리의 아직 젖지 않은 부분보다 이미 떨어져 있는 방울들과 합체하려는 경향을 보인다. 물은 끼리끼리 뭉치는 데는 명수지만 다른 것에 달라붙는 데는 영 젬병이다. 그래서 물을 제대로 퍼지게 하고 물건을 완전히 적시기 위해서는 세제(계면활성제)를 사용해야 한다.

끈적거림은 결국 접착성이다. 접착성은 대체로 세 가지 범

주로 나뉜다. 영구 접착(우리가 접착제에게 기대하는 것), 일시 접착(우리가 바닥을 걷거나 파리가 벽을 기어갈 때), 비非접착 또는 미끄러움(면도기가 비누칠한 턱 위에서 또는 우리가 얼음판 위에서 미끄러질 때). 셋이 완전히 다른 성질처럼 보일지 몰라도, 모두 인접한 두 표면 사이의 단거리 힘에 기반하며 따라서 많은 공통점이 있다.

영구적 접착

어떤 것을 다른 것에 영구히 붙이기 위해서는 두 물체 사이의 초강력 물리적 또는 화학적 결합이 필요하다. 녹슨 부분을 대체하기 위해 새 금속판을 자동차에 용접해 붙인다 치자. 용접은 실제로 두 금속을 녹여서 원자구조를 하나로 접합하는 공정이다. 이 경우 딱히 물리적 결합은 아니다. 두 개의 금속으로 시작해서 하나로 끝난다. 따라서 접착이라고 부르는 것과는 좀 거리가 있다.

그렇다면 신발에 고무창을 새로 붙이는 경우는? 이 경우는 어떻게 다를까? 고무와 신발 어느 한쪽을 상하게 하지 않고 고무를 신발에 녹여 붙이는 것은 불가능하기 때문에, 구두수선공은 중간재로 접착제를 사용한다. 두 표면에 질긴 접착제를 바른 다음, 둘을 마주대고 눌러 붙인다. 그렇게 얻어지는 것은 고무와 구두라는 두 가지 재료를 연결하는 '다리'다. 접착 상태는 어떤 유형의 접착제를 어떤 물체에 적용하느냐에 달려 있다. 어떤 접착제는 두 표면의 구조에 파고들어 인접한 두 표면의 구멍에 갈고리를 걸어서 둘을 물리적으로 결박한다. 어떤 접착제는 두 표면에서 반응을 일으켜 강력한 화학적 다리를 놓는다. 어떤 것은 두 표면 사이에 미세 정전기력을 발생시켜 둘을 흡착시킨다. 어떤 것은 분자의 교환과 융합을 통해 작용한다. 이 네 가지 과정을 그림으로 표현하면 아래와 같다.

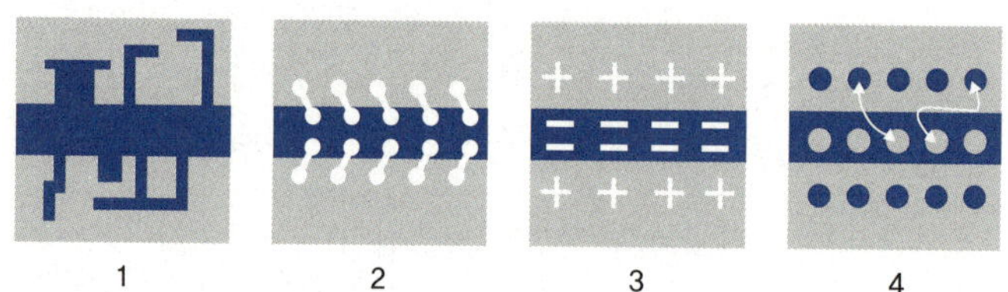

접착제(파란색 부분)가 다른 물질들(회색 부분)을 붙이는 네 가지 방법 1. 물리적 방법: 접착제가 양쪽 물질의 틈새로 스며들어 두 물질 사이에 기계적 '자물쇠'를 형성한다. 2. 화학적 방법: 접착제가 두 물질과 만나는 곳에 새로운 화합물을 생성해 일종의 화학적 경첩들(흰색 부분)을 만든다. 3. 정전기: 접착제의 원자들과 물질의 원자들이 전자를 주고받으며 수없이 많은 미세 흡착점을 만들고, 결과적으로 엄청난 접착력이 발생한다. 4. 분산: 일종의 원자적 혼란 속에서 접착제와 물질 사이에 분자의 교환, 혼합, 융합이 일어난다.

가장 강력한 접착제

이 네 가지 과정 중에 내게 가장 흥미로운 것은 세 번째다. 비록 냄새가 역겹고 포장용기가 난해한 화학용어들로 뒤덮여 있다는 단점이 있지만 접착제 중에는 전기로 물건을 붙이는 것도 있다. 얼핏 이상하게 들리지만 먼지나 섬유 등을 자석처럼 빨아들이는 정전기를 생각하면 금방 이해가 간다. 스웨터에 풍선을 문지르면 풍선이 몸이나 벽에 달라붙는다. 여기에 접착제는 전혀 개입하지 않는다.

이건 무슨 작용일까? 모든 물질은 원자들로 이루어진다. 그리고 기억하겠지만 원자들은 우리가 양성자, 중성자, 전자로 부르는 더 작은 것들로 이루어져 있다. 양성자는 미소량의 양전하를, 전자는 미소량의 음전하를 가진다. 원자 내부에는 같은 수의 양성자와 전자가 있어 서로를 상쇄하기 때문에 원자 자체는 전하를 띠지 않는다. 하지만 모든 원자가 같지는 않다. 어떤 원자는 다른 원자보다 탐욕스럽다. 두 가지 물질을 밀착시켜 반복적으로 문지르면 이쪽 원자들이 저쪽 원자들로부터 전자를 '강도질해 온다.' 이것이 스웨터에 풍선을 비볐을 때 생기는 일이다. 강도(스웨터)는 전자가 늘어 음전하를 띠게 되고, 불쌍한 피해자(풍선)는 전자를 잃어 양전하를 띠게 된다. 그러면 둘은 자석의 양극과 음극처럼 서로 끌어당긴다. 이것이 스웨터에 풍선이 달라붙는 이유다.

일부 접착제에서도 비슷한 현상이 일어난다. 그런 접착제를 다른 물질에 가까이 가져다대면 접착제의 분자들이 인접한 표면의 분자들로부터 전자들을 끌어당기거나 밀쳐내며 미세한 전기적 결합을 만든다. 자, 구두 수선 가게로 돌아가보자. 신발에 바른 접착제는 살짝 양전하를 띠게 되고, 반대로 신발 바닥은 살짝 음전하를 띠면서 둘이 찰싹 달라붙는다. 이 힘은 믿기 힘들 정도로 짧은 거리에서 작용하기 때문에 엄청나게 강력하다.[2] 여기서 말하는 '단거리'란 10억분의 1m쯤 된다. 얼마나 작은 거리인지 실감나지 않는가? 나도 그렇다. 이 거리(10억분의 1m)를 약 10만 배 키우면 인간 머리카락의 너비(약 10분의 1mm)쯤 된다. 그래도 눈에 보일까 말까 한다. 중요한 건 거리만이 아니다. 접착제의 분자들과 신발 바닥의 분자들 사이에 일일이 달라붙는 힘이 발생한다. 분자들이 수없이 많기 때문에 힘이 수조 배씩 증폭해 엄청난 효과를 낸다. 0.1g의 굵은 물방울 하나에 약 3,000,000,000,000,000,000,000개, 즉 30억조 개의 분자가 들어 있다.[3] 이것이 정전기처럼 일견 보잘것없는 힘을 이용해 초강력 접착제를 만들 수 있는 이유다.

그럼 정확히 얼마나 강력할까? $1mm^2$의 슈퍼글루(superglue, 초강력 접착제 브랜드)가 설탕 봉지 두 개의 무게를 지탱할 수 있다. 놀라운 힘이다. 하지만 세상에서 가장 끈끈한 물질로 알려진 카울로박터 크레센투스Caulobacter crescentus라는 민물 박테리아에 비하면 새 발의 피다. 이 박테리아는 슈퍼글루의 약 세 배, 다시 말해 1mm²당 70N(뉴턴)의 가공할 힘을 발휘한다.[4] 이 초강력 천연 접착물질은 장차 안전하고 안정적인 의료용 접착제의 미래를 열 것으로 기대된다. 그때까지는 슈퍼글루의 접착력으로 만족하자. 놀랍게도 1950년대 후반 슈퍼글루를 개발한 화학자 버논 크리블Vernon Krieble 교수가 인기 TV 게임쇼 〈비밀이야I've Got a Secret〉에서 접착제 한 방울로 남자를 바닥에서 들어올렸다.[5]

포스트잇의 탄생

잘 붙기도 하고 잘 떨어지기도 하는 접착제가 있다면 얼마나 좋을까? 이 생각이 1980년대에 출시돼 전 세계적인 인기를 모으며 사무용품계의 슈퍼스타로 등극한 포스트잇을 낳았다. 1973년 2월, 3M의 화학자 스펜서 실버Spencer Silver와 그의 연구팀이 '분리형 감압 접착시트 물질Removable Pressure-sensitive Adhesive Sheet Material'에 대한 특허를 출원했을 때만 해도 세상을 주름잡을 신박한 아이디어의 탄생을 예감한 사람은 아무도 없었다.[6] 실버 박사는 건조하기 짝이 없는 기술명세서를 통해 기존 접착테이프의 단점과 자신이 개발한 화학적 해법을 소개했다. 하지만 이 아이디어의 진가는 몇 년 후에야 인정받았다. 실버의 3M 동료 중 한 명인 아서 프라이Arthur Fry가 찬송가에 끼워놓은 책갈피가 자꾸 빠져 짜증이 났고, 이때 그의 머리에 실버의 저점도 접착제가 떠올랐다. 종이에 뗐다 붙였다 할 수 있고, 떼어낼 때 종이가 상하지 않게 말끔히 떨어지는 책갈피를 만든다면? 이렇게 해서 포스트잇이 탄생했다.

그럼 포스트잇은 어떻게 작용하는 걸까? 종이를 책에 영구히 붙일 때 우리는 종이 뒷면에 풀을 골고루 바른 다음 종이를 단단히 반반하게 눌러 붙인다. 이렇게 하면 접착제가 퍼져서 매끈하고 연속적이고 매우 얇은 막을 형성하는데, 이 막은 종이나 책을 손상시키지 않고는 다시 떼어낼 수 없다. 하지만 포스트잇 메모지는 다르다. 즉 접착물질이 균일하게 퍼지지 않는다. 아크릴레이트 폴리머acrylate polymer라고 불리는 플라스틱 접착물질의 입자들이 기존 접착제의 경우보다 약 100배 큰 '미세캡

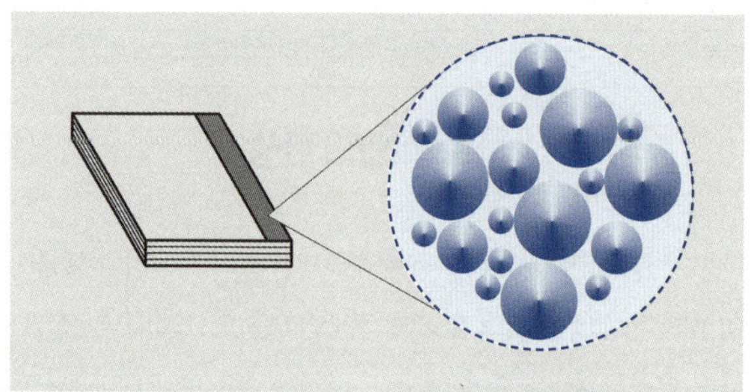

끈끈이 캡슐 포스트잇 메모지를 뒤집어서 전자현미경 아래 밀어넣으면 이런 그림이 나온다. 끈적이는 부분이 각기 다른 모양과 크기의 미세캡슐들로 뒤덮여 있다. 메모지를 처음 어딘가에 눌러 붙이면, 이중 가장 큰 캡슐들이 달라붙고 다른 것들은 미사용 상태로 남는다. 두 번째 붙일 때는 큰 캡슐들은 (먼지와 때가 묻었기 때문에) 접착성을 잃었지만 대신 중간 크기 캡슐들이 달라붙는다. 세 번째 옮겨 붙일 때는 가장 작은 캡슐들이 전면에 나선다. 이렇게 반복되다가 끈끈이 캡슐들이 더는 남지 않게 된다.

슐' 안에 들어 있어서, 상대적으로 거칠고 울퉁불퉁한 접착 표면을 형성한다.[7] 포스트잇 메모지를 책장에 눌러 붙일 때 이 캡슐 중 일부만 터져 종이에 붙을 뿐 다 붙지는 않는다. 사용하지 않은 캡슐들은 메모지를 도로 떼어내 바로 다른 곳에 붙일 때 쓰인다. 이렇게 반복하다 결국 캡슐이 모두 먼지와 때로 막히면 그때는 메모지가 더 이상 붙지 않는다.

일시적 접착

이제 두 번째 종류의 접착 작용에 대해 알아보자. 우리가 서둘러 걸을 때 미끄러지는 것을 막아주는 것이 마찰이다. 마찰이 없다면 걷기는 불가능하다. 발을 내려놓을 때마다 그냥 미끄러져 발라당 넘어지게 된다. 운전도 불가능하다. 정지마찰 traction 없이는 자동차 바퀴가 헛돌기만 할 뿐 전진하지 못한다. 마찰은 발이나 바퀴가 새로운 위치로, 앞으로 약간 이동할 만큼만 바닥에 붙어 있게 하는 일종의 일시적 접착제다. 그리고 이것이 우리 거동의 핵심이다.

마찰의 원리

마찰은 방금 살펴본 정전기 접착제와 비슷한 방식으로 작용한다. 두 개의 면이 접해서 이쪽 원자들이 저쪽 원자들과 타

격 가능 거리(약 원자 다섯 개 길이)에 들어오게 된다.[8] 이것만
으로도 두 표면이 잠시나마 붙어 있다. 그런데 마찰이 접착제
와 같은 방식으로 작용한다면서 어째서 영구적 접착성은 없
는 걸까? 길에 주차한 차가 어째서 영원히 거기 붙어 있지 않
을까? 한번 세웠던 차를 어떻게 다시 훌훌 몰고 떠날 수 있는
걸까?

　모두 규모의 문제다. 마찰(저출력 접착)과 접착(고출력 접착)
의 차이는 접착력의 크기 차이다. 차가 주차돼 있을 때 고무
타이어와 노면 사이의 마찰력은 중력(자동차 무게)이나 바람
등 차에 자연적으로 미치는 힘을 이길 만큼 크다. 그래서 주
차한 차는 길에 딱 붙어 있다. 주차한 차가 움직이면 곤란해
진다. 하지만 트럭이나 탱크로 슬슬 밀면 쉽게 있던 자리에서
밀어낼 수 있다. 마찬가지로 심하게 비탈진 곳에 차를 세워두
면 차가 딱 서 있지 못하고 미끄러진다. 급경사에서는 마찰이
차의 무게를 견디지 못하고 차를 놓쳐버린다.

스파이더맨의 발

자동차처럼 크고 무거운 물체뿐 아니라 장난감 자동차도 급
경사면에 놓으면 가만히 있지 않는다. 하지만 차체는 작고 가
볍고, 타이어는 크고 납작한 자동차라면? 일반 타이어에는
이랑처럼 홈이 패여 있다. 각각의 이랑을 작은 타이어로 만들

고, 거기 이랑들도 더 작은 타이어들로 만든 일종의 슈퍼 타이어를 상상해보자. 만약 귀신같은 엔지니어링을 통해 실현될 경우, 수십억 개의 미세 타이어들이 표면을 꽉 움켜잡게 된다. 차가 너무 무겁지만 않으면 벽에다 주차할 수도 있고, 심지어 차가 천장에 거꾸로 매달려 굴러갈 수도 있다. 성공한다면 이 발명품이 도마뱀붙이gecko의 자동차 버전이다. 도마뱀붙이는 동물계의 스파이더맨이다. 도마뱀붙이는 기가 막힌 발을 이용해 기가 막히게 벽을 탄다. 각각의 발가락이 강모setae라고 하는 짧고 빳빳한 털로 뒤덮여 있고, 각각의 강모는 다시 수천 개의 주걱 모양의 섬모로 뒤덮여 있다. 다 합쳐서 도마뱀붙이의 발에는 각각 약 10억 개의 털이 있고, 이렇게 계층 구조를 이룬 수많은 털이 정전기 인력을 가진 거대한 표면적을 만들어낸다. 도마뱀붙이는 정전기를 이용해 강력한 접착력을 발휘하고,[9] 이것이 도마뱀붙이가 자유자재로 벽을 기어다니는 비결이다. 만약 우리의 손발에 도마뱀붙이 수준의 달라붙는 힘이 있다면 등에 20톤 배낭을 메고도 천장을 거꾸로 걸을 수 있다.[10]

마찰은 결국 깨지게 돼 있다. 항상 어딘가에서 더 큰 힘을 만나기 때문이다. 하긴 이건 모든 종류의 접착제에 해당되는 얘기다. 영구 접착제로 보이는 것도 마찬가지다. 충분한 힘을 가하면 접착제와 표면의 접착 결합이든 접착제 자체의 응집

결합이든 결국 깨진다. 초강력 접착제를 자칫 약한 자재에 적용하면 자재 자체가 두 동강이 나면서 접착제만 말짱한 채 남아 있을 수도 있다.

왜 미끄러질까?

접착(영구 접착)과 마찰(일시 접착)이 힘에 의한 것이라면, 미끄러움은 자연히 그 힘의 부재를 의미한다. 거친 물체를 다른 거친 물체에 미끄러지게 하려면 우리가 할 일은 두 접촉면 사이의 마찰력을 최소화하는 것이다. 이를 위한 최선의 방법은?

예를 들어 바닥을 정말 미끄럽게 만들려면 윤활유를 바르면 된다. 물도 효과가 좋다. 물에 비누를 좀 추가하면 금상첨화다. 그러면 물이 방울방울 뭉치는 것을 잊고 바닥에 고르게 죽 퍼진다. 젖은 바닥이 미끄러운 이유는 두 가지다. 물은 비압축성이다. 즉 더 작은 공간에 욱여넣을 수 없다. 물은 상대적으로 밀도가 높고 무거운 물질이라 후딱 비키거나 물러서지 않는다. 강화마루에 물기가 있고 그 부분을 잘못 디뎠을 때, 물은 옆으로 찍 삐져나오거나 스펀지처럼 뭉개지지 않는다. 대신 잠깐이나마 발과 바닥 사이에 수층이 형성되는데, 물은 압축되진 않지만 액체이기 때문에 상대적으로 쉽게 움직이고 흐른다. 거기다 이 수층이 발과 바닥의 거친 표면 사이에 일종의 쿠션을 형성해 둘 사이의 마찰을 줄인다.

그런데 여기 반전이 있다. 바닥의 물은 달랑 한 겹의 층이 아니다. 수없이 많은 분자의 더미다. 바닥의 물을 차곡차곡 쌓은 수많은 겹겹으로 생각해보라. 엽층lamina이라고 부르는 각각의 층은 그 아래층들을 미끄러져 지날 수 있다. 이런 현상을 아마 해변에서 목격했을 것이다. 바다가 비교적 잔잔한 날, 파도가 밀려와 모래를 덮는 동시에, 조금 전에 도착한 파도는 다시 쏜살같이 해변에서 후퇴해 바다로 내려간다. 이때 물의 층층들이 서로를 엇갈려 미끄러지는 것을 볼 수 있다. 어떤 층들은 해변으로 밀려오고, 그 바로 밑에서 다른 층들은 다시 바다로 밀려간다. 간단히 말해 물은 행복하게 다른 물을 타고 미끄러진다. 그래서 방금 물청소한 바닥에 남아 있는 비눗물 위에 발을 올려놓는다는 건, 겹겹이 쌓여 있는 물 무더기에 힘을 가한 셈이 되고 그러면 겹겹의 물은 이때다 하고 횡으로 분리된다. 층층이 조금만 움직여도 우리는 바닥으로 발라당 넘어진다. 이를 이용한 것이 스킴보딩skimboarding이다. 스킴보딩은 해변의 얕고 미끄러운 물에서 얇은 나무판을 타는 스케이트보드와 서핑을 섞은 수상 스포츠다. 유체의 규칙적 흐름, 즉 층류laminar flow를 이용한 것이다.

세상에서 가장 끈적한 것은 앞서 말한 대로 민물 박테리

미끄러움의 과학 젖은 바닥이 미끄러운 이유는 발밑의 물이 발과 바닥 사이에서 마찰을 없애는 윤활유 역할을 하기 때문이다. 윤활유는 여러 층의 유체(그림에서 엄청나게 과장해서 표현했다)로 이루어져 있으며, 발이 엇밀림힘, 즉 전단력 shearing force을 가하면 이 층층들이 서로 어긋나며 미끄러진다.

아의 모습을 한 천연물질이다. 그럼 그 반대쪽 끝에 있는 것은? 즉 우리가 일상에서 쉽게 접하는 것 중 가장 미끄러운 것은? 바로 오믈렛이 프라이팬에 눌어붙는 것을 방지하는 조리기구용 불소수지 코팅polytetrafluoroethylene, PTFE이라는 합성화합물이다. 우리에게는 테플론Teflon이라는 이름으로 더 친숙하다. 자연에는 더 미끄러운 것도 있다. 육식성 벌레잡이풀pitcher plant의 포획 주머니 내벽이 그렇다. 주머니 입구의 꿀에 현혹된 벌레들이 안을 기웃대다가 주머니 안으로 미끄러져 떨어져 그대로 소화되는 최후를 맞는다. 비누칠한 바닥과 스킴보딩 해변처럼, 벌레잡이풀도 마찰이 최소화된 중간 수층을 만들어 물체를 자빠뜨린다.[11]

얼음이 미끄러운 이유

이론상 눈과 얼음은 전혀 미끄럽지 않아야 한다. 얼음도 고체고 발바닥도 고체다. 타이어와 아스팔트처럼 두 가지 고체가 접촉하면 대개는 더 이상의 운동을 막기에 충분한 마찰이 발생한다. 그런데 왜 얼음은 미끄러울까? 일반적인 설명은 이렇다. 물체를 쥐어짜면 물체의 온도가 올라가는 것이 과학의 통칙이다. 자전거 타이어에 바람을 열심히 넣다 보면 에어펌프가 뜨거워지는 것은 그런 이유다. 따라서 이론적으로는 사람이 얼음 위에 서면 얼음 표층이 짓눌려 온도가 올라가서 녹는다. 즉 고체 발과 그 아래 고체 얼음 사이에 윤활유로 작용할 수층이 생긴다. 얼음을 지친다는 건 사실 얼음을 지치는 게 아니다. 천만의 말씀이다. 얼음이 아니라 얼음 표면에 얇게 깔린 해빙수를 타고 미끄러지는 것이다. 이 이론을 강도 높게 적용한 것이 스케이팅과 컬링 같은 겨울 스포츠다. 스케이트는 몸의 압력을 날카로운 블레이드에 집중시켜 발 바로 아래의 얼음을 매우 효과적으로 녹이고, 그걸 타고 고속으로 미끄러진다. 하지만 이때 미량의 물만 살짝 녹았다가 잽싸게 다시 얼어붙는다. 아이스링크 전체가 호수로 변할 일은 없다.[12]

이것이 과거에 과학자들이 설명하던 방식이다. 노벨물리학상 수상자 리처드 파인먼Richard Feynman, 1918~88 같은 유명한 학자들도 예외가 아니었다.[13] 하지만 과학이란 현재진행형이다. 이제 우리는 얼음이 전에 생각했던 것보다 훨씬 복잡한 물체임을 알게 됐다. 얼음이 미끄러운 진짜 이유는 스케이터가 빙판을 짓누르는 압력과 하등 관계가 없다. 스케이터의 압력 따위는 얼음을 녹여 윤활 수층을 만들 만큼 크지 않다. 완벽한 설명은 아직 없지만, 현재 나름 가장 설득력 있는 이론은 얼음에는 액체와 유사한 코팅이 내장돼 있으며, 이 코팅은 온도가 올라갈수록 크기가 커진다는 것이다.[14] 얼음은 미끄럽다. 왜냐하면 얼음은 미끄러우니까. 이것이 물의 기본 성질이다. 우리가 그 위에서 스케이트를 타든 말든.

빙판에서 발라당 하지 않을 최선책은 무엇일까? 거머리 같은 접지력을 발휘할 신발을 신어서 마찰을 극대화하는 것이 좋은 출발이다. 가죽처럼 약간 흡수력 있는 소재의 신발은 물기를 빨아들여 발밑에 미끄러운 윤활층이 형성되는 것을 막는다. 그럼 스노슈즈는 어떨까? 이론적으로 넓적한 발바닥은 몸무게를 더 넓은 면적으로 분산시켜 발아래 압력을 줄이기 때문에 발이 눈에 파묻힐 가능성이 적다. 하지만 빙판에서는 좋은 선택이 아니다. 빙판에서는 미끄러지느니 약간 가라앉는 게 오히려 낫다. 최선의 선택은 등산가들이 빙벽이나 설벽을 오를 때 등산화 밑창에 부착하는 아이젠이 아닐까 싶다. 아이젠이 신발의 접지 부위를 대폭 좁혀 거기에 몸무게를 집중시킨다. 톱니처럼 뾰족한 아이젠의 스파이크들이 윤활층을 곧장 뚫고 들어가 바로 아래의 얼음을 단단히 움켜잡는다.

또는 과학의 불가피성을 온전히 받아들이고 잽싸게 썰매로 옮겨 타는 방법도 있다.

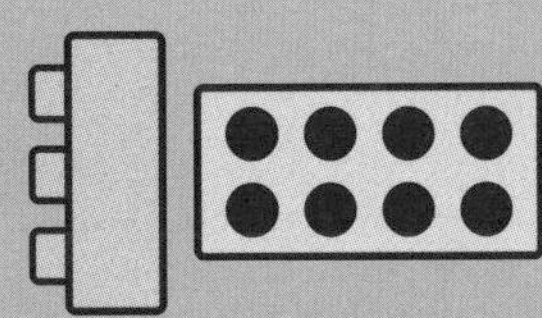
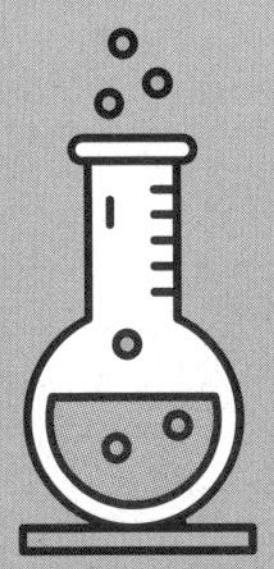

3장

유리가 맑고 투명한 이유

#유리 #결정구조

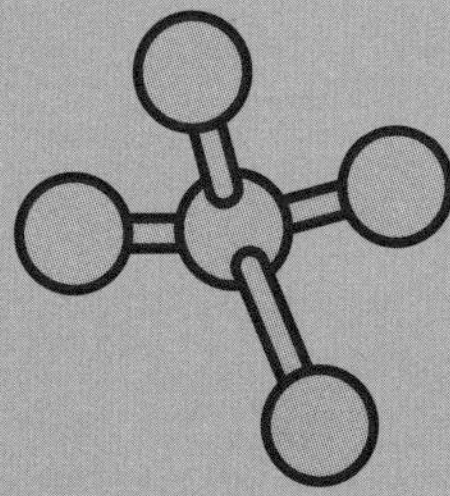
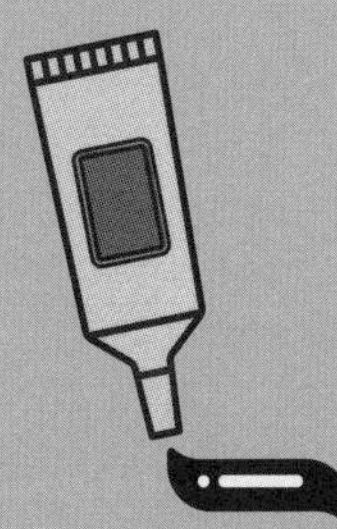

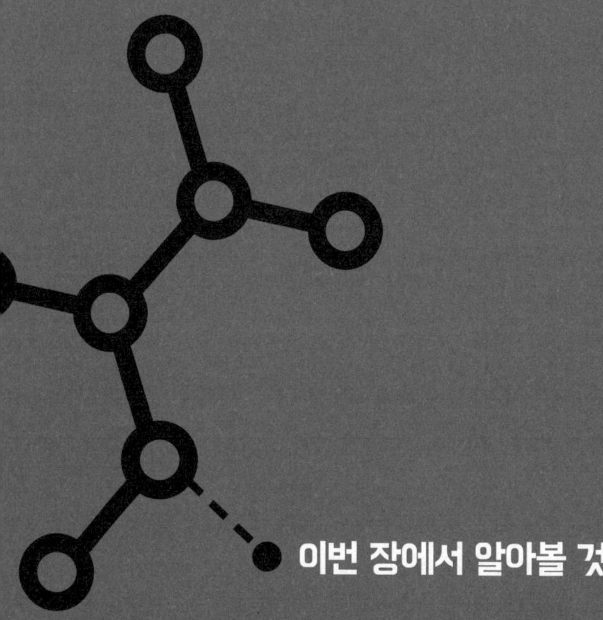

이번 장에서 알아볼 것

* 얇은 금속은 불투명한데 왜 두꺼운 유리는 투명할까?
* 스스로 깨끗해지는 유리의 원리
* 유리가 무겁고 잘 깨지는 이유
* 방탄유리가 정말 존재할까?

　　가끔은 인간 본연의 모습으로 돌아가는 것도 나쁘지 않다. 수천 년간의 문화와 발명, 그리고 오늘날 문명인의 행동으로 통하는 것들을 모두 훌훌 벗어던지면 우리는 들판을 헤매는 수렵 채집 동물들, 두더지, 미어캣, 쿵쿵이 땅돼지와 다를 게 없다. 하지만 비 내리는 일요일 오후라면 우리는 이곳 아닌 다른 곳에는 있고 싶지 않다. 거긴 바로 실내다. 빗방울이 들이치는 유리창 너머 책, 고전영화, 적포도주, 웃음이 있는 따뜻하고 안락한 그곳. 동물들도 나름의 보금자리와 피신처를 만들지만, 인간을 특별하게 만드는 것은 양쪽 세계의 장점을 섞은 건물을 만드는 능력에 있다. 우리는 실내에 들어앉아 있으면서도 몇 군데에 전략적으로 배치된 창유리를 통해 동시에 야외도 누린다. 1장에서 살펴본 대로 금속과 플라스틱은 100만 가지 일상적 용도를 가진 따분한 재료일 뿐이다. 반면 유리는 훨씬 교활하다. 유리의 용도는 보이지 않는 것이다.

투명성이 생명인 이 물질은 인류 역사에서 가장 오래된 공학적 재료 중 하나다. 5000년 전 고대 메소포타미아에서 이미 유리를 만들어 썼다. 다만 이때는 유리로 수직 투명판이 아닌 반짝이는 색색의 보석 구슬을 만들었다.[1] 그러다 고대 로마 시대에 이르러 처음 유리창이 등장한 것으로 알려져 있다.[2] 유리의 역사는 이 정도면 끝이라고 생각하기 쉽다. 유리가 투명하면 됐지 뭐가 더 있겠어? 하지만 오늘날까지 새롭고 신기한 유리들이 부단히 개발되고 있다. 자동으로 닦이는 유리, 스위치로 밝아지고 어두워지는 유리, 휴대폰이나 태블릿 컴퓨터의 화면을 덮는 초강력 유리. 불과 얼마 전까지만 해도 유리판을 무릎에 올려놓는 것은 생각지도 못한 일이었다. 하지만 지금의 우리에게는 하등 놀라운 일이 아니다. 유리는 실로 기상천외하다. 그리고 그게 다 과학 덕분이다.

모래를 삶아라

초간단 유리 레시피를 소개한다. 양동이와 삽을 들고 해변으로 내려가 모래를 좀 뜬다. 불을 활활 지핀다. 모래를 넣고 죽이 될 때까지 끓인다. 재빨리 식힌다. 이 모래죽이 식어서 굳어진 게 유리다. 여기에 품질 개선을 위해 몇 가지 성분을 추가한다. (나트륨과 탄산칼슘은 이 과정을 보다 쉽게 만들고, 셀레늄·철·구리 같은 금속 조각을 넣으면 유리에 분홍빛이나 푸른 빛이 살짝 돈다.)[3] 본질적으로 유리 공정은 이게 전부다. 해변을 삶아서 차게 식혀서 낸다. 끝. 로버트 오펜하이머J. Robert Oppenheimer, 1904~67와 그의 동료들이 1945년 7월 16일 뉴멕시코주의 사막 한가운데서 세계 최초로 원자폭탄 실험을 행했을 때 이 레시피가 거대 규모로 적용됐고, 결과는 엄청났다. 하늘 높이 불기둥과 버섯구름이 치솟았고 그 바로 아래 지름 $\frac{3}{4}$km의 모래 서클이 순식간에 녹색의 방사능 유리로 변했다.[4]

얼음을 끓였다가 다시 식히면, 그 과정에서 수증기로 날아간 손실분을 빼면, 대략 원래 상태(물)로 돌아온다. 물. 모래의 경우는 그렇지 않다. 모래를 녹여 액체로 만들었다가 다시 냉각시켜도 원래의 고체(모래)로 돌아오지 않는다. 고체의 원자들은 끓이면 이리저리 흩어지고 요동한다. 그래서 녹인 모래를 틀에 붓고 불어서 판유리로 만들 수 있다. 하지만 식는다 해도 원자들이 원래의 깔끔하고 정연한 고체의 배열로 안착하지는 않는다. 대신 우리가 얻는 것은 혼돈의 액체와 질서의 고체의 중간쯤에 해당하는 일종의 무작위적이고 임시방편적인 구조다.[5] 이것을 비결정성 고체amorphous solid 또는 반고체 또는 냉동 액체라고 한다. 유리가 완전히 굳지 않은 액체라는 말을 쉽게 접하는데 사실 이 말은 살짝 오해의 소지가 있다. 그 이유를 곧 알게 된다.

고체와 액체 사이

유리 속에서 일어나는 일을 사람들에 비유하면 이해하기 쉽다. 러시아워에 열차역 중앙홀을 가로질러 사방으로 향하는 수백 명의 사람을 상상해보자. 사람들을 원자로 바꾸면 그게 바로 기체 상태다. 이번에는 극장 로비를 꽉 메운 사람들을 상상해보자. 이들은 훨씬 다닥다닥 붙어 있어서 서로 부대끼며 간신히 매표소로, 화장실로, 카페로 이동한다. 하지만 비록 느리기는 해도, 그들에겐 여전히 이동의 자유가 있다. 이것이 인간 버전의 액체 상태다. 다음에는 사열받는 병사들을 상상하자. 줄과 열을 칼같이 지켜 제자리를 사수해야 하고 절대 대오를 벗어날 수 없다. 이것이 고체 상태다. 물론 이들도 약간은 움직일 수 있다. 하지만 너무 빽빽이 정렬해 있어서 누구도 빠져나갈 수 없고 구조가 전체적으로 바뀌는 일도 있을 수 없다.

그렇다면 비결정성 고체란 무엇일까? 만약 새벽 4시에 병영 전체를 깨워서 병사들에게 행진을 시작할 시간을 딱 1분 준다면 어떻게 될까? 고함과 달음질, 반쯤 입은 군복과 반쯤

깬 얼굴들. 이 아수라장 속에서 정확히 60초 후에 "동작 그만!"을 외친다면? 눈앞의 결과는 질서와 혼돈의 중간에서 얼어붙은 수많은 사람일 것이다. 규칙성의 흔적들, 대충이나마 같은 방향으로 달려가는 많은 사람들. 액체보다는 고체에 훨씬 가까운 모습이다. 하지만 이들에게 시간을 더 줬더라면 볼 수 있었을 깔끔하게 딱 떨어지는 결정질crystalline 배열과는 거리가 멀다. 이것이 바로 비결정성 고체다. 고체가 되려는 거친 시도는 있었으나 고체처럼 원자들이 규칙적으로 배열된 결정구조crystal structure에는 이르지 못했다는 뜻이다. 이런 현상이 유리에만 있는 건 아니다. 예를 들어 물을 극도로 빨리 냉각시키면 비결정질 얼음이 생긴다. 일상에서는 접하기 어렵지만 대우주에는 흔하다. 일종의 우주 서리다. 혜성이

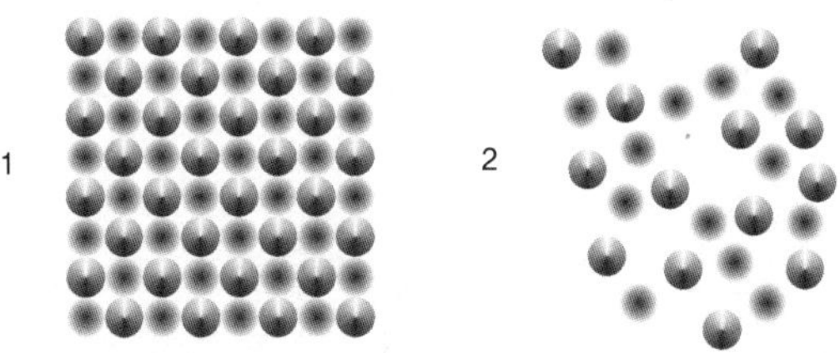

고체 구조와 유리 구조의 차이 1. 일반적인 고체는 원자가 규칙적으로 배열된 내부 구조를 갖는다. 재료과학에서는 이것을 결정구조라고 부른다. 오해가 없길 바란다. 금속 같은 고체들이 보석상에서 영롱한 빛을 발하는 크리스털을 닮았다는 뜻은 전혀 아니다. 2. 이에 비해 유리는 뚜렷한 패턴도 질서도 없이 뒤섞인 무정형의 구조를 갖는다.

대부분 이것으로 이루어져 있다.[6]

　엄밀히 말해 유리가 고체와 액체의 중간쯤에 해당하는 물질인 것은 맞지만, 그렇다고 그것이 유리가 고체가 되는 과정에 있거나 언젠가는 완전히 굳어질 물질이라는 뜻은 아니다. 유리는 이미 굳을 만큼 굳은 상태다. 유리는 반고체이며 점도가 지극이 높아 초저속으로 흐르는 액체와 같다고 말하는 것도 옳지 않다. 어린이 과학도서에 단골로 등장하는 근거 없는 설명 중 하나가 유리는 반고체라 눈에 보이지 않게 아주 천천히 흘러내리기 때문에 수백 년 된 옛날 창유리는 아랫부분이 윗부분보다 두껍다는 얘기다. 이는 사실이 아닌 것으로 판명 났다. 전문가들의 말에 따르면, 당시 유리 제조법, 즉 크라운 유리crown glass 공법의 한계상 유리판의 두께가 완전히 고르지 못했고, 따라서 유리를 창틀에 끼울 때 자연스럽게 두꺼운 쪽을 아래로 가도록 끼웠을 뿐이다.[7]

창문은 왜 잘 깨질까?

유리는 유난스럽다. "날 봐! 날 봐!"라고 외치지만 약간의 문제만 있어도 여지없이 금 가고, 쪼개지고, 팍삭 깨지고, 산산조각 난다. 대개의 고체는 이러지 않는다. 주먹으로 내리쳤다고 책상이 내 밑으로 와르르 무너지지는 않는다. 차를 후진시키다 벽을 들이박아도 흠집 한두 군데 나고 범퍼가 내려앉을 수는 있어도 차가 내 주위로 가루가 돼 쌓이진 않는다. 유리는 뭐가 다른 걸까?

1장에서 말했다시피 모든 것은 속사정에 달려 있다. 금속은 밀집 결정구조지만 원자들이 어느 정도는 이동이 가능하다. 금속을 망치로 때려서 모양을 잡는 것은 원자들의 행과 열을 후려쳐서 새로운 위치로 밀어내는 것이다. 원자들이 움직이기 때문에 망치 타격이 공급하는 에너지를 쉽게 흡수한다. 반면 유리는 열린 비정형구조라서 원자들이 촘촘히 늘어서 있지 않고 보다 느슨하게 무작위로 연결돼 있다. 유리는 총을 맞으면 원자들이 재빨리 대오를 정비할 방법이 없고 총알의 에너지를 흡수하거나 소멸시킬 도리도 없기 때문에 전체 구조가 붕괴한다. 이것이 유리가 약간의 압박에도 쉽게 금이 가는 이유다.

'방탄유리'라는 명칭은 사실 잘못된 표현이다. 세상에 그런 것은 없다. 그런 명칭으로 팔리는 제품은 방탄도 유리도 아니다. 사실 방탄유리는 여러 겹의 유리와 플라스틱을 특수 접착제로 붙여 총탄에 깨지지 않게 만든 일종의 합판이다. 이 재료에 총을 쏘면 총알의 에너지가 층층 사이로 분산되고 스며들어 신속히 소멸한다. 플라스틱이 유리가 깨지는 것을 막고 총알의 충격을 흡수해서 방탄유리 너머의 사람이 치명상을 입는 것을 방지한다. 하지만 방탄 효과가 완벽하지도 않아 세 번 정도는 총알을 막아내겠지만 여러 번 총격을 당하면 결국 뚫린다. 방탄유리의 궁극적 목적은 최초 피격 후 도피할 시간을 벌어주는 데 있다.

손 안 대고 유리 깨기

요리 좀 해본 사람은 알겠지만, 유리컵을 박살내기 위해 반드시 내리치거나 총을 쏠 필요는 없다. 뜨거운 유리컵을 차가운 물에 넣으면 유리가 짝! 갈라진다. 아주 깔끔하게. 왜 그럴까? 역시나 문제는 유리의 비정형구조는 신속한 재배열로 에너지를 소멸시키지 못한다는 데 있다. 이때의 에너지는 열이다. 포도주잔을 뜨거운 물에 담그면 유리의 비정형구조로 열에너지가 흡수되고 뜨거워진 원자들이 요동치면서 구조의 여기저기가 각기 다른 정도로 팽창한다. 이렇게 가열된 잔을 급하게 식히면 원자들이 갑자기 느려지긴 해도 원래 자리로 돌아가 원상태를 회복하진 못한다. 미세한 결함도 전체 구조에 균열을 일으키고 잔은 산산조각 난다.[8]

타개책이 없지는 않다. 요리사들은 파이렉스Pyrex라는 상품명으로 알려진 붕규산 유리borosilicate glass를 이용함으로써 이 문제를 피한다. 이 내열유리는 보기에는 일반 유리와 비슷한데 산화붕소를 일반적으로 13% 함유하고 있어서 자세히 보면 특징적인 '블루린스blue-rinse' 효과가 나타난다. 붕규산 유리는 일종의 '유리 합금'이다. 산화붕소가 함유된 특수 유리는 가열 시 열팽창률이 일반 유리의 3분의 1 수준이다. 따라서 비정형 원자구조가 흔들리는 정도도, 깨질 가능성도 그만큼 적다.[9]

유리는 왜 무거울까?

매장 공사 때 기술자들이 판유리를 낑낑대며 옮기는 것을 본 적이 있는가? 봤다면 분명 이 질문이 머리를 스쳤을 것이다. 유리는 왜 저렇게 무거울까? 나도 여러 해 같은 궁리를 하다가 이런 결론에 도달했다. 답의 일부는 물론 과학에 있지만, 심리학의 영향이 더 크다.

우선, 과학. 유리는 적어도 어떤 면에서는 고체라는 점을 기억하자. 예를 들어 가로 2m, 세로 3m, 두께 2cm의 판유리창의 경우 그 부피는 0.12m^3(120l)다. 1l 들이 생수병 120개가 얼마나 무거울지 쉽게 상상할 수 있다. (약 120kg, 즉 평균 체격의 성인 여성 두 명의 몸무게에 해당한다.) 다시 말하지만 유리는 어쨌거나 액체가 아니라 고체다. 만약 유리창을 스테인리스강으로 만든다면 무게가 거의 1톤에 달한다. (강철 $1m^3$의 무게가 약 8톤이기 때문이다.) 유리를 이 맥락에서 생각하면 그 무게가 전혀 놀랍지 않다. 판유리창의 무게는 우리가 예상했듯 동량의 얼음덩어리의 무게와 강철덩어리의 무게의 중간쯤이다.[10] 사실상 창문 무게는 약 300kg에 이른다. 성인 남자 네댓 명의 무게다.

내 생각에 정말로 놀라운 것은 심리학의 개입이다. 유리는 지구상의 어느 것보다 맑고 투명하다. 우리는 유리를 보면서 공백을 생각하고 따라서 가벼울 것으로 기대한다. 하지만 유리를 액체로 생각하든 고체로 생각하든 또는 그 사이에서 길 잃은 영혼으로 생각하든, 그것은 비어 있지 않다. 셀 수 없이 많은 원자로 가득하다. 눈에 보이지 않아도 거기 엄연히 존재한다. 그리고 그것이 다음의 가장 중요한 질문으로 이어진다.

창문은 왜 투명할까?

플라스틱이 등장하기 전 수천 년 동안 유리는 궁극의 '시스루 see-through'였다. 사실 물을 포함한 몇몇 천연물질(음, 잠자리 날개?)을 제외하면 유리는 지금도 투명함을 대표한다. 유리의 투명성은 결국 빛이 유리를 통과한다는 사실로 귀결된다. 그럼 빛은 어째서 금속 같은 다른 고체는 통과하지 못하면서 유리만 통과할까?

여기서 두께는 고려사항이 아니다. 얇은 종이는 반투명(빛을 통과시키지만 그 과정에서 빛이 산란돼 종이 너머가 제대로 보이지는 않는다)할지 몰라도 투명(빛을 통과시켜 그 너머가 훤히 보인다)하지는 않다. 아주 얇은 트레이싱페이퍼는 뭔가에 바싹 대면 투명하지만 조금만 떨어뜨려도 반투명하다. 빛을 부분적으로 반사하고(일정 각도로 튕겨내고), 부분적으로 전송하고, 부분적으로 흩어놓기(무작위한 각도로 마구 튕겨내 정확한 전송이 불가능하기) 때문이다. 알루미늄 포일은 두께가 0.2mm도 되지 않고 대개의 종이보다 얇은 데도 건너편이 전혀 보이지 않는다.

물질의 투명성과 불투명성은 빛이 그것을 통과하려 할 때 그것이 빛에 어떻게 반응하는지에 달려 있다. 금속은 광자photon라고 부르는 빛 입자뿐 아니라 엑스선처럼 빛과 비슷한 것까지 모두 쭉쭉 흡수한다. 금속의 원자들은 자유전자들의 바다로 둘러싸여 있고 이것이 광자를 쉽게 흡수했다가 쉽게 분출한다. 광자를 공처럼 잡아서 왔던 방향으로 다시 던져버린다. 알루미늄과 은처럼 반짝이는 금속은 모든 종류의 광자(온갖 색의 빛)를 몽땅 잡아서 다시 던진다. 그들이 거울의 훌륭한 대용이 될 수 있는 건 그 때문이다. 구리나 금처럼 유색 금속은 일부 광자는 흡수하고 나머지는 반사하거나 전송한다. (예컨대 구리는 들어오는 빛의 붉은 부분은 반사하고, 노랑부터 보라까지 스펙트럼의 나머지 부분은 흡수한다.)

유리는 어떻게 다를까? 다시 말하지만 모든 것은 내부의 문제다. 유리의 전자들은 괴상한 비정형구조의 원자들을 흐트러지지 않게 붙들고 있느라 바빠서 가시광선의 광자들을 금속처럼 착착 포착하지 못한다. 그래서 광자들 대부분 유리의 한편으로 들어와 반대편으로 빠져나가고, 유리 원자들은 그걸 알아채지 못한다. 하지만 자외선은 얘기가 다르다. 자외선의 광자는 가시광선의 광자보다 에너지가 넘쳐서 유리가 흡수하기에 좋다. 이것이 유리가 순수한 자외선 속에서 불투

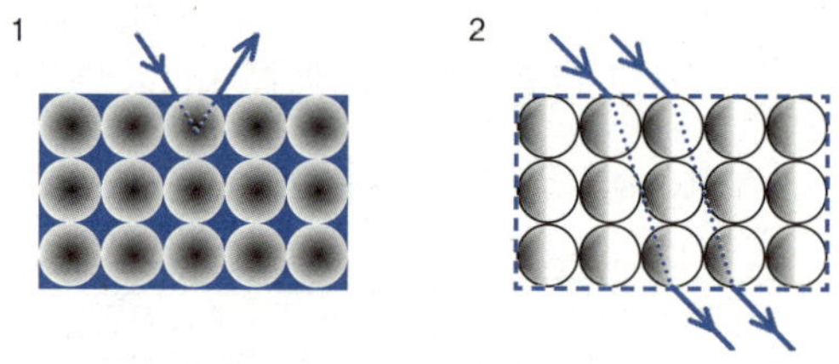

얇은 금속은 불투명한데 두꺼운 유리가 투명한 이유 1. 햇빛이 구리를 비추면 구리 원자들이 열을 받아 흥분한다. 흥분한 원자들은 불안정해져서 빛을 다시 반사하는데, 이때 튕겨나가는 빛은 들어온 빛보다 붉다. 이것이 우리 눈에 구리가 적갈색으로 보이는 이유다. 2. 유리의 경우는 사정이 다르다. 유리 원자들은 보통의 빛에너지는 흡수하지 못한다. 빛은 그대로 유리를 통과해서 들어올 때와 거의 변화 없이 반대편으로 나온다. (다만 빛이 들어올 때와 나갈 때의 경로가 살짝 굽는다. 즉 과학용어로 '굴절'된다.)

명해 보이는 이유다.[11] 금속 원자를 첨가해 유리에 색을 넣으면 양쪽 세계의 장점을 모두 얻게 된다. 빛은 통과하지만 그 과정에서 내부의 금속 원자들이 빛의 색을 바꾼다.

업그레이드 유리

투명한 고체인 유리는 기막히게 놀랍고 더없이 비범한 물질이다. 하지만 일상에서 흔히 접하다보니 당연시하고 평범하게 생각한다. 그래서 유리창을 인식조차 못하고 있다가 지나가던 칠칠맞은 참새가 유리에 부딪혀 기절초풍하는 것을 보고서야 유리가 있다는 것을 깨달을 때도 많다. 그렇다고 유리가 완벽하다는 의미는 아니다. 천만에, 유리는 결코 완벽하지 않다. 유리는 쉽게 깨지고 부서지고, 짜증날 정도로 먼지를 과시하고, 내부의 열을 너무 쉽게 빠져나가게 한다. (최악은) 우리의 사생활을 세상 모두에게 공개한다. 그런데 다행히 이 모든 문제에 흥미로운 과학적 해결책이 있다. 더 좋은 종류의 유리들도 있다.

열을 방출하는 유리

겨울밤에 창가에 누워 있는 건 그다지 아늑하지 않다. 유리는 차갑고 한기가 든다. 이 문제의 원인이 유리와 창틀 사이의 틈새만은 아니다. 유리 자체가 열을 방출한다. 유리 같은 고체(또는 고체 같은 것)가 어째서 열을 막지 못하고 새어나가게 할까? 잘 이해되지 않는다면 모닥불을 둘러싸고 앉아 있다고 생각해보자. 그런 경험이 없다면 석탄이나 장작이 타는 난롯불도 괜찮다. 불에 꽤 가까이 있다면 불과 얼굴 사이에 차가운 공기가 있어도 뺨이 열기에 붉게 달아오른다. 보이지 않는 열선이 몸을 따뜻하게 데워주는 느낌이다. 느낌이 아니라 실제로 일어나는 일이다.

열은 적외선 복사infrared radiation 형태로 허공을 돌진한다. 태양에서 지구까지의 광대한 진공 공간도 그렇게 가로지른다. 열은 일정한 속도(초속 30만 km)로 질주한다는 점에서 빛과 크게 다르지 않다. 열(적외선)과 가시광선의 실질적 차이는 열을 전달하는 파동이 살짝 더 길다는 것뿐이다. 무지개(가시광선)의 빨강(바깥쪽)에서 파랑(안쪽)까지의 스펙트럼을 생각해보자. 적외선은 빨간색 바로 너머에, 즉 우리가 볼 수 있는 색들 바로 밖에 있다. 열이 빛과 같은 방식으로 움직인다면 열이 유리창을 곧장 통과하는 것이 하등 신기할 게 없다. 빛이 갈 수 있는 곳은 열도 따라간다.

이걸 막을 해법은 간단하다. 유리에 금속이나 (이산화티타늄 같은) 금속산화물을 얇게 입혀서 부분적 거울로 만드는 것이다. 원자 몇 개 두께의 초박막 코팅은 빛은 투과시키고 열은 차단한다. 타는 듯이 더운 여름날에는 이 보이지 않는 코팅이 바깥의 열을 반사해서 집 안을 상대적으로 시원하게 유지해준다. 반대로 바깥보다 집이 따뜻한 겨울밤에는 (가스 중앙난방이나 전기히터로) 실내에서 만들어진 열이 금속 코팅에 부딪혀 반사되기 때문에 온기가 쉽게 밖으로 빠져나가지 않는다.

스스로 세척하는 유리

누구나 반짝이는 창문을 좋아한다. 하지만 모두가 스펀지를 움켜쥐고 사다리를 오르는 열정을 공유하지는 않는다. 여러분은 때때로 비가 내려 창을 때리는 데도 어째서 유리창이 깨끗해지지 않는지 의아할 것이다. 깨끗해지기는커녕 먼지가 더 오래된 먼지에 달라붙어 켜켜이 쌓인다. 가랑비 수준에서 할 수 있는 일이 있고 할 수 없는 일이 있다.

다행히 지금은 기발한 자가 세척 유리창이 있다. 세제를 찍찍 뿜어내며 기계식 와이퍼의 도움을 받아 스스로를 닦는 자동차 앞유리를 생각하면 안 된다. 자가 세척 유리창은 엔지니어링이 아닌 화학으로 작동한다. 단열 유리창처럼 자가 세척 유리창도 이산화티타늄 같은 화학 코팅이 내장돼 있다. 일광욕하다 햇볕에 피부를 홀랑 태워본 사람들은 뼈저리게 알다시피, 햇빛에는 자외선ultraviolet이라는 눈에는 보이지 않지만 해로운 성분이 있다. 너무 익힌 크리스마스 칠면조처럼 피부를 주름지게 하는 것도 자외선의 소행이다. 최악의 경우 피부암을 유발하기도 한다. 어떤 면에서 자외선은 적외선의 반대 버전이다. 보라색 바로 너머에, 우리 눈에 보이지 않는 곳에 위치한 자외선은 가시광선보다 파장이 살짝 짧다. 적외선과 자외선은 가시광선 스펙트럼의 양옆에 위치한 일종의 '북엔드' 또는 '갓길'이다.

피부에는 해롭지만 자외선은 쓸모가 많다. 자외선이 자가 세척 유리창의 이산화티타늄 분자와 만나면 거기서 전자들을 두들겨 빼낸다. 이렇게 빠져나온 전자들은 공기 중의 물 분자와 충돌해 활성산소인 수산기hydroxyl radical라는 물질로 변환된다. 다시 말해 물 분자(H_2O)가 쪼개지면서 수소원자

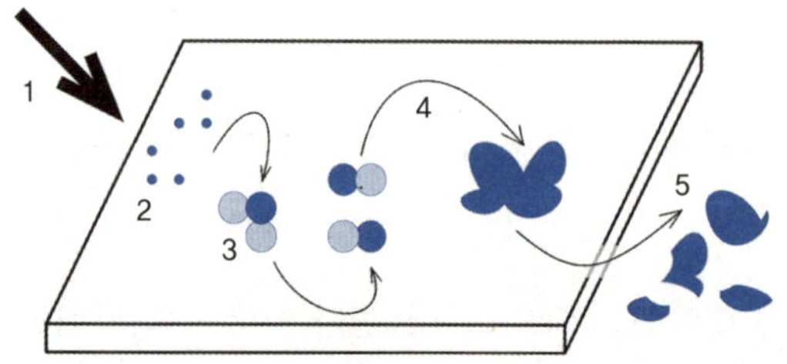

자가 세척의 원리 1. 햇빛이 이산화티타늄 코팅에 닿아 2. 전자를 생성한다. 3. 전자는 공기 중의 물 분자를 공격해 활성산소인 수산기로 바꾼다. 4. 수산기는 먼지를 공격해서 5. 먼지를 작게 조각낸다. 비가 내리면 이 먼지 조각들이 자연스럽게 유리에서 미끄러져 떨어진다.

하나(H)가 떨어져나가고 OH, 즉 수산기만 남는다. 이 물질은 세제처럼 작용해서 유리창의 먼지를 다루기 쉬운 조각들로 잘게 썬다. 이 상태에서 다음에 비가 오면 먼지 파편들이 깨끗이 씻겨나가게 된다. 적어도 이론상으로는 그렇다. 물론 유리창 안쪽과는 하등 상관없는 얘기다. 안쪽은 여전히 스펀지로 직접 닦아야 한다.

낮과 밤의 풍경

유리창에 대한 가장 흥미롭고 어떤 면에서는 가장 당황스러운 점은 때로 유리창 때문에 창밖의 사람들을 오해하게 된다는 것이다. 길을 걸으며 무심코 상점 진열창이나 남의 집 창문을 들여다보자. 의외로 내부를 제대로 볼 수 없다. 우리는 때로 창밖을 보다가 길에서 자신을 빤히 쳐다보는 행인을 발견한다. 자연히 행인들이 자신의 일거수일투족을 볼 수 있을 거라 생각한다. 그래서 레이스 커튼이 인기가 많다.

하지만 이건 완전 착각이다. 밖에서는 안이 잘 보이지 않는다. 왜? 대개는 실외보다 실내의 빛이 훨씬 적기 때문이다. 적으면 얼마나 적을까? 연중 시기, 하루 중 시간, 날씨, 지구상 위치(하늘에서 해의 위치) 등에 따라 다르지만, 대체적으로 실

외의 평균 밝기는 실내보다 약 2,000배 높다.[12]

실내에 비해 실외의 빛이 엄청 많아서 유리창을 통해 빛이 실내로 쏟아져 들어온다. 따라서 안에서는 밖이 훤히 보인다. 반대로 실내에는 빛이 별로 없고 그중에서 유리창 밖으로 빠져나오는 빛은 더더구나 적기 때문에 밖에서는 안이 잘 보이지 않는다. 유리는 맑고 투명해 보이지만 그렇다고 모든 빛을 통과시키지는 않는다. 유리에 떨어지는 빛의 약 5~10%는 반사된다.[13] 따라서 실내에 얼마간의 빛이 있어도 모든 빛이 빠져나가지는 못한다. 이 때문에 놀랍게도, 유리창은 사생활 보호에 지극히 뛰어나다. 레이스 커튼이 없어도 말이다. 하지만 물론 이건 낮 동안의 얘기다.

밤에는 상황이 완전히 역전된다. 일단 하늘에서 해가 사라지면 우리에게 남는 것은 주로 가로등 불빛과 은가루를 뿌리는 달빛뿐이다. 즉 밖의 빛이 거의 사라진다. 이때는 실내의 전등빛이 달빛보다 약 500배 강하다.[14] 불을 켜면 실내는 갑자기 빛으로 넘쳐난다. 밤에 불을 켠 방에서 어두운 창밖을 내다보면 밖에 사람이 있어도 잘 보이지 않는 반면, 밖의 사람에게는 안이 훤히 들여다보인다. 안에 있는 사람에게 보이는 것이라고는 유리에 비친 자신의 모습뿐이다.

커튼을 대신하는 기술

우리 대부분은 야간 사생활 보호 문제를 커튼이나 셔터나 블라인드로 해결하는데, 모두 단점이 있다. (세탁을 해야 하거나 닦아야 하는 번거로움이 일단 가장 크다.) 만약 커튼이나 블라인드 없이도 살 수 있다면? 스위치 작동으로 유리를 투명하게 했다 불투명하게 했다 할 수 있다면? 전동 스위치로 색을 바꾸는 유리창이 실제로 존재한다. 이를 전기변색electro-chromic이라고 하며, 노트북과 휴대폰의 충전식 배터리와 같은 방식으로 작동한다.

충전식 배터리에는 음극과 양극 두 개의 단자가 있고, 그 사이에 화학적 전기분해 기능을 하는 전해질(electrolyte, 이온의 이동을 돕는 물질)이라는 물질이 있다. 배터리를 충전할 때 리튬 이온(리튬 원자에서 전자를 뺀 것)이 한 방향으로 전해질을 통과해 배터리에 에너지를 저장한다. 충전기의 전원을 뽑고 배터리로 노트북에 전력을 공급할 때는 이온들이 반대 방향으로 이동해 저장된 에너지를 전기 형태로 방출한다.

정확히 같은 일이 전기변색 유리창에도 일어난다. 다시 말해 전기변색 유리는 유리판에 초박형 노트북 배터리를 붙인 것과 같다. 이 배터리는 다섯 층으로 이루어져 있다. 양쪽 외층은 양극단자와 음극단자에 해당한다. 중간의 세 층 중 상층에는 리튬 이온이 풍부하고, 중층(전해질)은 리튬 이온을 전도하고, 하층의 결정질 산화텅스텐은 리튬 이온을 공급받는다. 유리가 투명할 때는 리튬 이온들이 상층에 머물러 빛을 정상적으로 통과시킨다. 스위치를 누르면 이온들이 산화텅스텐 층으로 내려가 그 결정구조 속에 갇힌다. 이 상태가 빛의 통과를 차단해 유리를 검게 만든다. 다시 스위치를 눌러 전류를 되돌리면 이온들이 다시 상층으로 올라가 유리가 다시 맑아진다.[15]

흑백 문제

내 10대 시절 가장 쿨하고 핫한 물건 중 하나가 햇빛에 나가면 자동으로 어두워지는 광변색photochromic 선글라스였다. TV 광고는 거의 중력과 같았다. 불가능한 건 아니지만 저항하기 힘든 것. 나도 유혹에 넘어가 용돈을 모아 광변색 선글라스를 샀다가 몹시 실망했다. 렌즈가 검어지는 건 순식간인데 다시 밝아지는 건 하세월이었다. 그나마 실내에서는 아예 작동하지 않았고, 무슨 이유에선지 추운 날씨에는 정말로 까맣게 변했다. 하지만 과학은 실망시키지 않는다. 실제 성능은 기대에 미치지 못했지만 그 이면의 작동 원리는 내게 여전히 감동을 준다.

여러분도 알다시피 구식 사진필름(빛이 들어가지 않게 작고 검은 용기에 담겨 있고, 다 찍은 후에는 '현상'을 맡겨야 했던 바로 그것)은 할로젠화은silver halides을 감광제로 사용한다. 필름에 빛이 닿으면 할로젠화은이 마법처럼 은색 점들로 변해 빛을 받은 부분에 어두운 잠상을 만든다. 이것이 이른바 '네거티브negative'가 생기는 이유다. 이때의 '네거티브'란 이미지의 밝은 부분은 어둡게, 어두운 부분은 밝게 명암이 반전된 사진 원판을 말한다. 현상한 '네거티브'를 거품 나는 화학약품에 담갔다가 종이에 대고 빛을 쏘아주면 19세기 윌리엄 헨리 폭스 탤벗William Henry Fox Talbot, 1800~77 시대의 기술을 적용한 옛날식 사진을 얻게 된다.

광변색 유리는 누가 발명했을까?

광변색 선글라스도 비슷한 방식으로 작용한다. 1962년 코닝Corning사의 화학자 윌리엄 아미스테드William Armistead와 S. 도널드 스투키Stanley Donald Stookey가 특허를 낸 초창기 제품은 (플라스틱이 아닌) 실제 유리를 사용했다.[16] 사진필름처럼 광변색 선글라스의 유리도 할로젠화은 결정체를 조금(약 0.1%) 함유하고 있어서 햇빛을 받으면 어두워지고 어둠이 내리면 밝아진다. 어떻게? 햇빛의 자외선이 투명한 할로젠화은 결정체들을 불투명한 순은 스펙들로 바꾸는 화학반응을 일으켜 렌즈를 1~2분 안에 어둡게 (하지만 불투명하지는 않게) 만든다. 그러다 자외선이 없는 실내에 들어가면 이 화학반응이 역방향으로 일어나 은색 스펙들이 다시 할로젠화은 결정체들로 변해 어두워졌던 렌즈가 다시 밝아진다.

(트랜지션스Transitions 등의 상표명으로 팔리는) 오늘날의 광변색 렌즈는 은이나 유리를 사용하지 않는다. 대신 나프토피란naphthopyrans이라는 복잡한 플라스틱에 기반한다. 이 플라스틱은 자외선을 받으면 가역적으로 자신의 구조를 바꾼다. 즉 실내에서는 상대적으로 빛을 적게 흡수하는 형태를 취하고, 실외에서는 가시광선을 많이 흡수하는 형태를 취해 렌즈를 어둡게 만든다. 많은 분자가 한꺼번에 빛을 왕창 흡수해서 창문의 블라인드가 닫히는 것 같은 방식으로 빛을 차단한다. 자외선만 없어지면 이 분자들은 후딱 원래 형태로 돌아와 우리 눈앞의 '블라인드'를 활

짝 연다.

유리든 플라스틱이든, 광변색 렌즈의 문제는 그것이 자외선을 동력원으로 삼는다는 데 있다. 화창한 날 밖에 넘쳐나는 게 자외선이이다. 하지만 자외선은 일반 유리를 거의 또는 전혀 통과하지 못하기 때문에 자동차나 열차 안에는 이렇다 할 자외선이 없다. 따라서 광변색 렌즈가 실내에서는 제대로 어두워지지 않기 때문에 운전용 선글라스로는 유용성이 떨어진다.

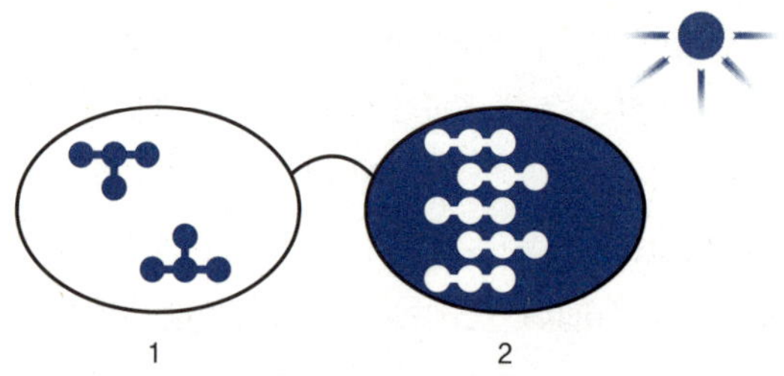

광변색 렌즈의 원리 1. 플라스틱 광변색 렌즈의 나프토피란 분자들의 특정 구조 때문에 대부분의 빛이 곧장 통과한다. 그러다 2. 햇빛의 자외선이 이 분자들에 닿으면 빛을 많이 흡수하는 구조로 변하고, 따라서 렌즈의 색이 어두워진다.

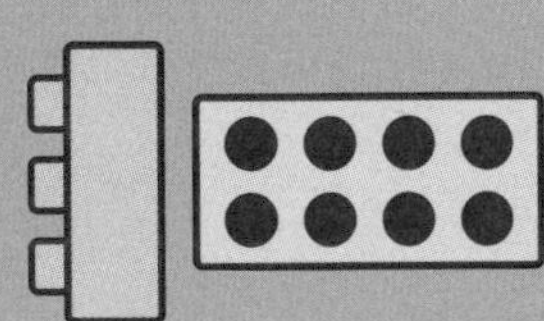
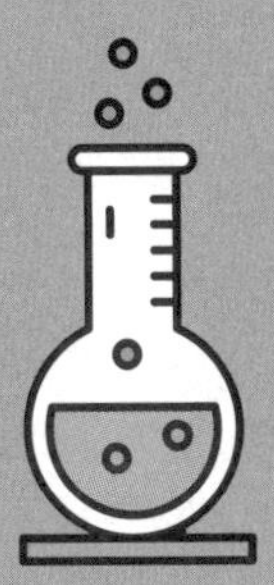

4장

모든 물질은 늙는다

#탄성 #부식

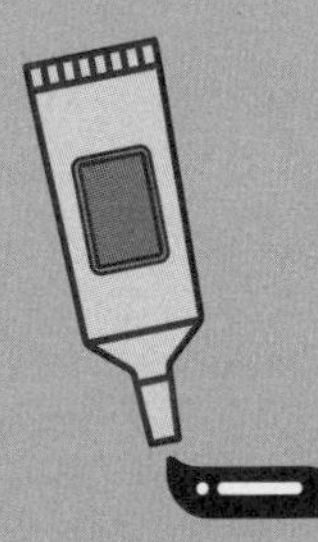

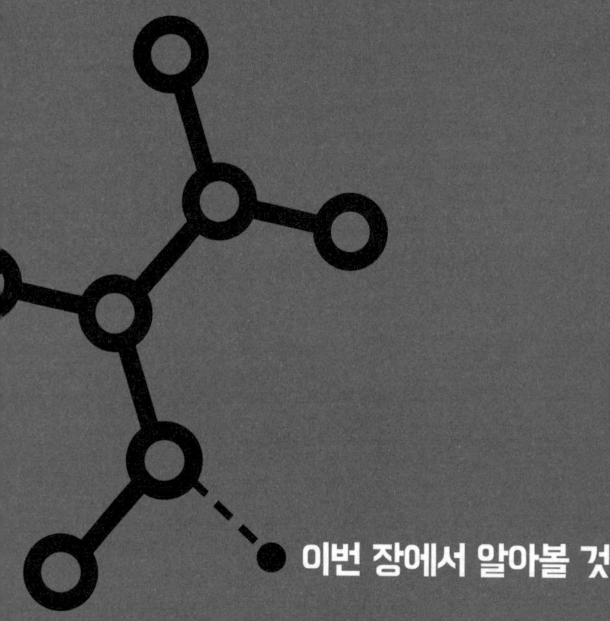

이번 장에서 알아볼 것

* 늘어난 속옷과 안티에이징 크림의 관계
* 극지 항해에 철선보다 목선이 더 적합한 이유
* 반짝이는 구두가 왜 더 튼튼할까?
* 햇빛을 오래 받으면 왜 색이 왜 변할까?

2004년 슈퍼볼 하프타임 공연에서 재닛 잭슨Janet Jackson의 옷이 찢어져 가슴이 노출되는 사고가 있었다. 그녀는 전 세계의 헤드라인을 장식했고 연예인의 노출 사고를 빗댄 '의상 오작동wardrobe malfunction'이란 말이 생겼다. 재료는 항상 실망을 안긴다. 하는 일이라고는 수염을 자르는 게 다인 스테인리스강 면도날이 무뎌지는 이유는 대체 뭘까? 지금 이 순간 전 세계적으로 얼마나 많은 마룻장들이 삐걱대고, 끽끽대고 있을까? 한때 탄탄했던 소파는 또 어째서 이렇게 처졌을까? 이 모든 것이 어떤 재료도 완벽하지 않다는 증거다. 심지어 금속처럼 내구성이 강한 재료도 영원하지는 않다.

사실 내구성 문제는 약과다. 재료는 종종 최악의 타이밍에 우리를 배신한다. 갑작스런 타이어 펑크나 브레이크 고장도 때로 치명적이지만, 항공기 외피가 1만 m(33,000피트) 상공에서 파열될 경우 승객이 무사할 가능성은 희박하다. 1950년대 초 영국의 드 하빌랜드De Havilland사가 세계 최초의 상업 제트여객기 코멧Comet을 개발했지만 이 항공기는 연이은 공중 폭발 사고 끝에 역사의 뒤안길로 사라졌다. 코멧의 치명적 추락은 궁극적으로 설계 결함에 기인했다. 반복된 여압과 감압에 따른 압박이 사각형 객실 창문 모서리에 집중되다가 균열이 발생해 동체가 갈가리 찢긴 것이다. 두 손으로 종이를 찢어보자. 조금만 힘을 줘도 얇은 목질 섬유조직인 종이는 속절없이 찢어진다. 이건 충분히 이해가 간다. 하지만 강철처럼 내구성 있는 재료가 어째서 멀쩡해 보이다가 갑자기 갈라지고, 짱짱하던 운동복이 어째서 얼마 후에는 후줄근해질까? 그건 쉽게 이해되지 않는다.

나무, 유리, 접착제 등 우리가 당연시하는 일상의 재료들이 어떻게 제 할 바를 성공적으로 수행하는지는 앞에서 살폈다. 그렇다면 그들이 처절히 실패하는 이유에 대해서도 알아보자.

시간 되돌리기

나는 가끔 마천루나 현수교에서 뛰어내리는 상상을 한다. 바람 부는 옥상 난간에서 미지의 세계로 뛰어드는 기분이 어떨지 생각한다. 과학자로서 나는 탄성역학을 신봉한다. 따라서 만약 내가 점프를 단행한다면 그건 허리에 번지코드를 단단히 묶은 다음일 것이다. 탄성은 물질세계 버전의 시간 되돌리기다. 그 세계에서 미래는 정확히 과거와 같고, 돌이킬 수 없는 것이란 없다.

'엘라스틱elastic'이 물질을 가리키는 용어가 됐다. 어느 집이든 고무줄과 고무장갑, 탄성 붕대와 탄성 반창고, 늘어나는 팔찌와 시곗줄이 있다. 하지만 실제로 '엘라스틱'이란 물질은 없다. 다만 신축성 있는 소재가 있을 뿐이다. 더구나 정도의 차이가 있을 뿐이지 거의 모든 것에 신축성이 있다. 세계에서 가장 높은 빌딩도 바람에 최대 1m 폭으로 흔들린다. 마천루처럼 세상 뻣뻣해 보이는 것조차 신축성이 있다는 얘기다. (그러지 않았다간 빌딩이 뚝 부러진다.) 탄성 있는 물질, 이른바 '엘라스틱'의 제대로 된 명칭은 엘라스토머(elastomer, 탄성중합체)다. 그중에서도 천연 엘라스토머인 고무가 대표적이다. 엘라스토머는 커다란 분자들이 엉켜 있는 고분자 물질로, 잡아당기면 고분자들이 쭉 펴지며 길어지고, 손을 놓은 순간 튕겨오르며 다시 뒤엉킨다. 고무는 번지코드 같은 것뿐 아니라 뜻밖의 것들에도 존재한다. 초창기 추잉껌과 풍선껌의 원료는 치클chicle이라는 천연 라텍스 고무였다. 파티 풍선이나 자동차 타이어의 재료와 별로 다르지 않다.[1] 오늘날의 껌 제조

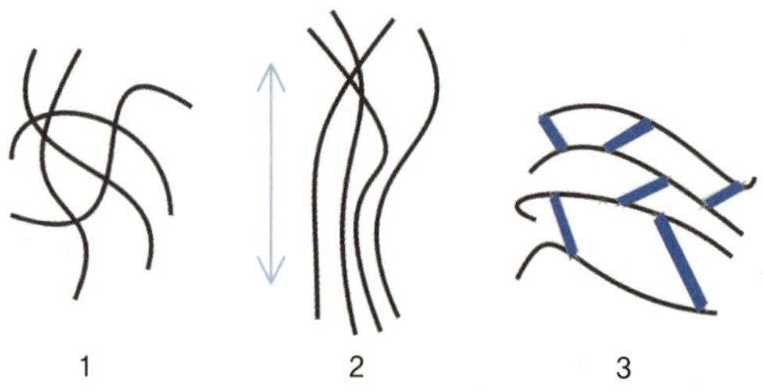

고무가 늘어나는 이유 1. 라텍스(생고무)는 기다란 분자들이 한데 엉켜 있는 구조다. 2. 라텍스를 잡아당기면 분자들이 쭉 펴지면서 엉킨 게 풀리지만(소성), 손을 놓자마자 다시 원상태로 복귀한다(탄성). 라텍스는 비교적 적은 힘과 에너지로 쉽게 변형된다. 따라서 오래가지 못하고, 상대적으로 낮은 온도에서는 눅진해진다. 3. 이 약점을 극복한 단단하고 검은 가황고무vulcanized rubber는 라텍스를 유황과 함께 '조리'한 것이다. 이 공정은 1839년 미국의 발명가 찰스 굿이어Charles Goodyear, 1800~60가 다년간의 성과 없는 실험 끝에 발견했다. 가황고무를 우연히 뜨거운 난로에 떨어뜨렸더니 황이 고무 분자들(검은색) 사이에 질긴 교차결합(파란색)을 만든 것이다. 이렇게 강화된 분자들을 잡아 뜯으려면 훨씬 강한 힘과 에너지가 필요하고, 따라서 가황고무는 생고무보다 더 단단하고, 뻣뻣하고, 오래간다. 또한 −60℃부터 200℃까지 매우 폭넓은 온도에서 강성을 유지하므로 자동차 타이어에 적합하다.

사들은 스티렌-부타디엔(구두 밑창의 재료)이나 폴리비닐 아세테이트(목공용 접착제의 재료) 같은 합성고무로 쫀득쫀득한 느낌을 낸다.[2] 따라서 행여 껌을 삼키는 건 꿈도 꾸지 말아야 한다.

플라스틱 vs. 엘라스틱

우리는 '엘라스틱'을 '탄성재료elastic material'라는 의미로 쓴다. 하지만 '엘라스틱'은 물질의 성질이지 물질이 아니다. 과학적으로 탄성은 구체적인 의미를 갖는다. 탄성이란 원상회복이 가능한 신축성을 말한다. 고무줄을 잡아당겼다가 놓으면 원래 크기(길이)와 모양으로 돌아간다.

'엘라스틱'이 '탄성재료'의 대체어로 쓰이듯 '플라스틱'은 '소성재료plastic material'의 대체어로 쓰인다. 하지만 여기에는 어폐가 있다. 우리는 플라스틱을 막연히 세숫대야와 칫솔을 만드는 데 쓰는 형형색색의 물질로 생각하지만, 과학적으로 소성은 매우 구체적인 의미를 갖는다. 소성은 외부에서 힘을 받아 형태가 바뀐 뒤 그 힘이 없어져도 원래의 모양으로 돌아가지 않는 성질이다. 따라서 소성재료는 우리 주위의 플라스틱이 아니라 그 플라스틱의 원료를 말한다. 플라스틱의 원료는 대개 석유를 끓여서 얻는 탄화수소 혼합체다. 이것이 주입 성형, 압출 성형, 롤러 성형 등의 공정을 거쳐 여러분의 집에 있는 알록달록한 물건들이 된다. 플라스틱의 가변성을 보여주는 또 다른 예는 그것으로 초미세 섬유도 만든다는 것이다. 칫솔의 미세 나일론 강모는 샤워기처럼 생긴 스피너렛spinneret이라는 장치에 뚫린 수천 개의 작은 구멍으로 녹은 플라스틱을 분출시켜 만든다. 나일론 스타킹의 섬유는 훨씬 더 곱다. 데니어denier는 스타킹 섬유의 굵기를 나타내는 단위인데, 그 뜻을 알면 놀랍다. 데니어는 길이가 9km인 실의 그램 수를 말한다. (예를 들어 15데니어 스타킹의 경우 9km의 무게가 15g에 불과한 얇은 실로 짰다는 뜻이다.)

완성 플라스틱 제품도 여전히 '플라스틱'하다. 물론 약간은 '엘라스틱'할 수도 있다. 두꺼운 칫솔 손잡이도 힘을 주면 살짝 구부러졌다가 원래대로 돌아온다. 하지만 힘을 너무 세게 주면 플라스틱이란 이름값을 한다. 플라스틱 칫솔을 들고 손잡이를 좀 과하다 싶게 구부려보자. 늘어난 부분에 분홍빛이 도는 허연 줄이 생기면서 손잡이가 꼴사납게 변형된다. 외력으로 변형된 투명 플라스틱 조각을 편광현미경으로 관찰하면, 광탄성photoelasticity이라는 현상이 만든 놀라운 무지개 패턴을 볼 수 있다.[3] 광탄성은 물체에 외력을 가한 뒤 편광을 통과시키면, 어떻게 힘을 받았는지 말해주는 줄무늬가 형성되는 현상이다. 소성재료는 탄성재료와 달리 제자리로 돌아오지 않는다. 소성재료에 계속 힘을 가하면 변형되다가 결국은 뚝 부러지고 만다.

또한 플라스틱은 비틀거나 부러뜨리면 불쾌한 냄새가 난다. 변형에 따른 열로 인해 내부의 플라스틱 폴리머에서 기체가 방출돼서 그렇다. 플라스틱은 온갖 종류의 괴상한 냄새를 풍긴다. 예를 들어 빈티지 플라스틱 인형에서는 종종 토사물 냄새가 나는데, 오래된 요소포름알데히드 플라스틱이 분해되기 시작한 탓이다. 영리한 보석상들이 정체불명의 플라스틱을 식별하는 방법 중 하나가 물체를 뜨거운 물에 담그거나 세게 문질러서 뜨겁게 만든 다음 물체가 뿜는 가스의 냄새를 맡는 것이다. 셀룰로이드는 좀약 같은 냄새가 나고, 베이클라이트와 갈랄리드는 포름알데히드나 태운 우유 냄새를 풍기고, 셀룰로오스 아세테이트는 식초처럼 시큼한 냄새가 난다.

한도 초과입니다

플라스틱(소성재료)이 엘라스틱한 경우는 대개 문제가 되지 않는다. 하지만 엘라스틱(탄성재료)이 갑자기 또는 서서히 플라스틱하게 변하는 고약한 버릇은 다분히 문제가 된다. 예를 들어 고무는 계속 늘어나다가 탄성한도elastic limit를 넘어버리면 외부의 힘이 없어져도 본래 모양으로 돌아가지 못하고 변형된 상태로 남는다. 이걸 소성 변형plastic deformation이라고 한다.

흥미롭게도 금속도 엘라스틱하다. 금속에 탄성이 없다면 주행의 여파로 자동차 차체와 엔진과 그 안을 채운 너트들과 볼트들에 결국 영구적 변형이 일어날 수 있다. 고무 타이어와 금속 스프링이 에너지를 대부분 흡수한다 해도 진동이 여전히 문제가 된다.[4] 세탁기가 요동치다가 박살나지 않는 것은 금속 부품들이 미시적 신축성을 발휘해 힘을 탄력적으로 흡수하기 때문이다. 소리굽쇠를 탁자 위에 탕 내려놓으면 가온 다middle C 음을 낸다. 두 갈래 쇠막대가 이른바 공진주파수resonant frequency로 초당 수백 번씩 진동하기 때문이다. 하지만 밀어붙이는 것도 정도껏이다. 심하면 금속에도 영구적 변형, 즉 소성 변형이 일어난다.

고무의 신축성은 강철의 약 20만 배다. 고무는 원래 길이의 몇 배까지 쉽게 늘어난다.[5] 하지만 진짜 상대를 만나면 고무의 신축성은 장난에 불과하다. 오늘날 가장 탄성 있는 물질로 알려진 것은 히드로겔hydrogel이다. 이들의 신축성은 차원이 달라서 원래 길이의 약 20배까지 늘어난다.[6] 만약 디지 길레스피(Dizzy Gillespie, 1917~93, 미국 재즈 뮤지션)의 뺨이 히드로겔로 만들어졌더라면 그가 트럼펫을 불 때 그의 뺨이 최소 그의 배만큼 부풀었을 거다. 그것도 살살 불 때의 얘기다. 지금까지 출판된 최고의 재료과학 책 중 하나인 제임스 고든 James Gordon 교수의 《구조Structures》에 물질들의 신축성 순위표가 있다. 1위는 알을 밴 메뚜기의 부드러운 각피였는데 신축성이 고무의 약 35배에 달하는 것으로 추산됐다.[7]

탄성재료는 한계를 넘어서면 갑자기 끊어진다. 하지만 서서히 망가질 때도 있다. 고무줄만 해도 시간이 흐르면서 점점 탄성을 잃고 처진다. 두세 달 동안 손목에 고무줄을 차고 있으면 무슨 말인지 알 수 있다. 처음에는 단단하게 착 감겨 있다가 점차 느슨해지고 맥없이 늘어나다가 결국 완전히 못쓰게 된다. 왜 그럴까? 우리가 고무줄을 당겼다가 놓을 때마다 에너지를 받아 늘어났던 분자들이 모두 정확히 원래 위치로 돌아가거나 정확히 같은 에너지를 다시 내놓지는 않는다. 고무줄을 몇 번 빠르게 당겼다가 입술에 대보면 고무줄이 좀 뜨뜻해진 것을 느낄 수 있다. 고무줄에 투입한 에너지의 일부가 열로 낭비된 것이다. 이렇게 날아간 에너지는 되찾을 수 없다. 가황고무는 옛날에 굿이어 씨가 라텍스를 유황과 삶다가 얻은, 자동차 타이어 등에 쓰는 단단하고 검은 고무다. 하지만 천하의 가황고무라 해도, 영구적 변형이 생기기까지 풍선이나 고무줄에 쓰는 부드러운 고무보다 훨씬 많은 주기와 힘과 에너지가 필요한 것일 뿐 변형이 없는 건 아니다.[8]

(고무줄의 경우) 당겼다 놓는 것이 몇백 번 반복되면 분자들의 원위치 복귀가 사실상 어려워진다. 재료가 여전히 늘어나긴 해도 더는 처음과 같이 왕성하고 순발력 있는 복귀 의지를 보이지 않는다. 브래지어부터 침대 스프링에 이르기까지 세상 모든 신축성 있는 재료는 다 그렇다. 같은 이치가 심지어

얼굴 피부에도 적용된다. 전 세계 안티에이징 크림 시장은 단순하고 불가피한 과학적 사실에 기반한다. 바로 인간의 피부를 포함한 모든 탄성 물질은 결국 신축성을 잃는다는 사실. 사람의 피부는 대략 40세까지 타고난 탄성의 약 3분의 1을 잃는다. 평생 웃고 울며 주름이 잡혔다 펴졌다 한 결과지만 일광 노출에 따른 피부 손상도 무시할 수 없다. 늘 노출돼 있는 뺨의 경우 어깻죽지처럼 대개 덮여 있는 부위보다 피부가 약 두 배 빨리 탄성을 잃는다.[9]

원자가 어긋나다

나는 어렸을 때 아이들과 플라스틱 자를 구부려 부러뜨리는 장난을 즐겼다. 자는 위험하게 휘어지다가 갑자기 딱! 부러졌고, 아이들은 그 스릴을 즐겼다. 그전까지는 나무 자를 많이 썼는데 당시에는 유리처럼 날카롭게 깨지는 약한 플라스틱 자가 대세였다. 하지만 위험하다는 이유로 오래지 않아 제조 업체들이 더 플라스틱하고 엘라스틱한 아크릴로 만든 '안전 자'로 갈아탔다. 이 소재는 구부러지면 변형을 일으켜 적어도 임박한 파멸에 대한 경고를 날린다.

딱 하고 부러지는 재료에도 탄성이 있다. 우리가 느끼기 힘들 만큼 정도가 약할 뿐이다. 다시 말해 탄성한도가 고무 같은 재료보다 훨씬 낮다. (한도가 낮아서 그렇지) 심지어 유리에도 탄성이 있다. 그것도 강철의 두 배다.[10] 유리창을 향해 축구공을 차면 공이 튕겨나오고 유리는 아주 살짝 휘어진다. 공이 유리에 맞고 튀어나올 때 유리에 비친 상이 살짝 떨리는데 바로 이 현상 때문이다. 유리의 탄성을 입증하는 보다 안전한 방법은 포도주잔을 손가락으로 튕겨 챙챙 소리를 내거나 젖은 손가락으로 잔 가장자리를 문질러 윙윙 울게 하는 것이다. 이때 유리가 미세하게 진동하는데 이 진동이 소리의 원인이다. 진동이 있다는 건 탄성이 있다는 뜻이다.

물론 유리의 운신의 폭은 진짜로 엘라스틱한 재료에 비하면 보잘것없다. 그래도 어쨌거나 깨지는 물질의 대명사인 유리에게 탄성이 있다니 역설적이다. 하지만 모순은 아니다. 유리가 잘 깨지는 것은 아주 적은 에너지에도 유리의 내부 구조에 치명적인 균열이 일어나기 때문이다. 그렇다고 유리가 항상 깨진다는 의미는 아니다. 유리컵을 떨어뜨려도 운이 좋으면 컵이 아무 탈 없이 튀어오른다. 어떻게? 다음번에 그런 일이 생겼을 때 면밀히 관찰해보자. 떨어진 유리컵이 튀어오르며 방향을 휙 트는 걸 볼 수 있다. 이때 에너지가 물체의 움직임과 회전에 소모돼 물체 내부로 흡수되는 에너지가 줄고, 따라서 물체가 깨질 가능성도 줄어든다.

플라스틱 재료(소성재료)에는 언제나 더는 참지 못하고 부러지는 한계점이 있다. 금속 자는 구부렸다가 다시 똑바로 펼수 있다. (다시 말해 금속은 플라스틱하다. 변형시킬 수 있다는 뜻이니까.) 하지만 몇 번은 가능할지 몰라도 계속 반복하면 결국은 두 동강 나고 만다. 페이퍼클립이 이를 아주 잘 보여준다. 클립을 열 번 정도 접었다 폈다 하면 여지없이 부러진다. 왜 부러질까? 금속의 결정구조 안에 원자 규모의 어긋남이 발생하기 때문이다. 압박이 반복되면서 이 어긋남이 원자들의 층층으로 번져 균열이 점점 더 커지고 그러다 결국 균열의 에너지가 재료 고유의 저항치를 넘어서는 순간에 이른다. 이 임계

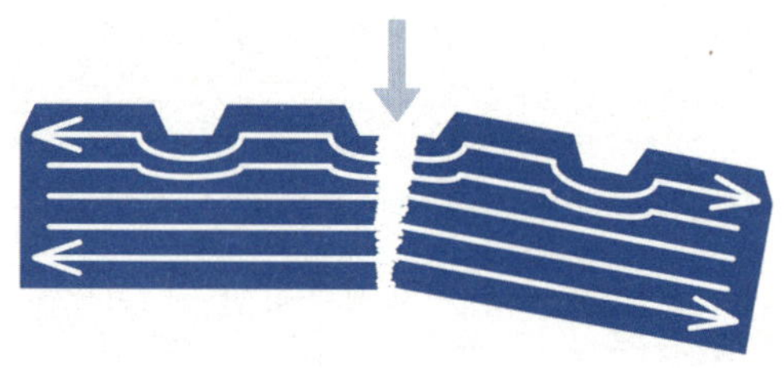

균열을 활용한 사례 작은 균열이 에너지를 얻어 치명적 파열로 변하면서 재료가 불가역적으로 망가지게 된다. 제과업체들은 이 단순한 과학원리를 초콜릿바의 디자인에 적용한다. 초콜릿 표면을 매끈하게 하지 않고 이랑이나 홈을 만들어 초콜릿이 꺾어지기 쉽게 만든 것이다. 초콜릿바의 양끝을 잡고 누르면 평행으로 압박이 쌓인다. 그러다 초콜릿 상단에서 압박이 홈을 따라 굽어지며 그 지점에 더 집중된다. 그 결과 바가 다른 곳들보다 홈을 따라 쪼개질 가능성이, 즉 딱 원하는 지점에서 끊어질 가능성이 높아진다.[11]

점에 도달하면 균열이 재료 내부에서 에너지를 얻어 순식간에 퍼지면서 전적이고 치명적인 파괴를 일으킨다.

어떤 재료는 처음부터 약하기 때문에 망가지고, 어떤 재료는 설계 결함으로 인해 압박이 취약지점에 집중돼 망가진다. 드 하빌랜드사의 코멧 여객기의 경우는 사각형 창문이 동체의 금속 구조에서 약점으로 작용해 균열을 일으킨 것이 문제였다. 기압이 높은 지상과 기압이 낮은 고공을 오가는 비행에 따른 압박 피로가 동체에 쌓이다가 리벳rivet과 볼트bolt 구멍에서 균열이 번져나가 끔찍한 결과를 초래했다. 드 하빌랜드사가 테스트 후 10년은 순조롭게 하늘을 누빌 것으로 기대했지만 제조사의 계산은 비참하게 빗나갔다. 동체가 실제로 받는 압박과 변형이 실험실 결과보다 세 배나 컸고, 취항한 지 1~2년 만에 비행기들이 치명적 고장을 일으키기 시작했다.[12] 거칠게 말해서 각각의 비행기는 난기류의 요동에 펴지고 접히기를 반복하는 거대한 페이퍼클립처럼 거동했다. 이는 금속피로metal fatigue가 초래하는 일에 대한 효과적이고 비극적인 사례였다. 금속은 반복적으로 쌍방향 압박을 받으면 피로 누적 효과로 갑작스럽게 파괴된다.

건강의 신호

낙후의 신호들이 항상 위험한 것만은 아니다. 마루가 삐걱대는 오래된 건물에 사는 사람은 거기에 익숙해져서 그 소리를 오히려 안락하게 느낀다. 각각의 마룻장을 신음 소리로 식별하게 되고, 밤에는 마룻장 사이를 까치발로 걷는 법을 배운다. 현대식 아파트에 익숙한 사람이 갑자기 삐걱거리는 오래된 주택에 발을 들여놓으면 당장 이런 생각부터 들 거다. 여기 정말 안전할까? 이 삐걱거림이 근본적 구조 결함을 의미하지는 않을까? 이 낡은 건물이 갑자기 머리 위로 무너져 내리진 않을까?

그런데 목재가 삐걱대는 소리는 대개 건강의 신호다. 신축성을 발휘하며 우리가 가하는 압박과 변형을 행복하게 흡수하고 있다는 뜻이다. 살아 있는 나무들도 바람에 부대끼고 휘어지면서 신음 소리를 낸다. 그게 나무가 무너져간다는 뜻은 아니다. 다른 재료들은 그러지 않는데 왜 목재는 끙끙대고 끽끽댈까? 대나무를 제외하고, 나무는 우리가 대형 구조물 건물에 사용하는 유일한 식물성 천연재료다. 나무는 중공섬유(hollow fiber, 가운데가 비어 있는 섬유)가 빽빽이 들어찬 구조다. 힘을 받으면 이 섬유들이 서로 미끄러지고 비비면서 우리가 듣는 신음 같은 소리를 낸다. 마루도 마룻장들이 서로서로 치대고 못 박힌 양끝에서 부대끼면서 신음 소리를 낸다. 아주 뻣뻣한 나무는 힘을 가해도 변형이 별로 없어 움직임이나 삐걱거림도 별로 없다. 신축성이 높을수록 나무섬유 사이의 움직임도, 우리가 듣는 소음도 증가한다. 온도와 습도 변화도 나무의 수축과 팽창을 야기한다. 따라서 목재 주택의 삐걱거림과 신음도 계절에 따라 달라진다. 예컨대 영국에서 마루는 나무에 습기가 차서 섬유가 불어 있는 겨울보다 나무가 건조하고 수축되는 여름에 더 삐걱댄다.

극지의 목선

옛날 목선들은 물길을 헤치고 파도를 넘으며 심하게 신음했다. 하지만 그건 배가 바다의 주먹질에 대한 맷집을 과시하며 무사히 수축과 팽창을 수행하고 있다는 명백한 신호였다. 그러다보니 19세기에 뻣뻣한 철선이 도입되어 철선이 목선처럼 삐걱대지 않자 겁에 질린 엔지니어들이 그것을 철선이 신축성이 떨어져 결과적으로 더 위험하다는 증거로 여겼다. 그들의 공포를 이해 못할 바는 아니다. 우리가 높은 데서 뛰어내릴 때를 생각해보라. 무릎을 굽히고 몸을 숙이면 충격을 한결 쉽게 흡수할 수 있다. 반대로 다리를 뻣뻣하게 펴고 뛰어내리면 갑작스런 충격으로 허리가 결딴날 수도 있다. 목선이 파도를 헤치고 나아가는 모습은 스케이트보더가 무릎을 구부리고 울퉁불퉁한 도로의 충격을 흡수하는 원리와 비슷하다.

철선이 바다에서 부서지지는 않을까? 이 두려움은 결국 근거 없는 것으로 판명 났다. 오늘날의 바다는 철조선들이 지배한다. 하지만 초창기에 문제가 없었던 건 아니다. 해양 저술가 조지 골드스미스-카터George Goldsmith-Carter의 기록에 따르면, 뻣뻣한 철선이 "더 사고를 잘 냈다." 무겁게 짐을 실은 철선들이 거친 바다에서 앞뒤로 심하게 요동치며 높다란 돛대와 삭구에 엄청난 부담을 주었고, 결국 돛대가 부러지는 일이 많았다.[13] 이 때문에 흥미롭게도 북극해의 얼어붙은 바다를 항해하는 데 오히려 목선이 더 적합한 것으로 나타났다. 목조 선박의 '탄력성'이 얼음의 손아귀에서 벗어나는 데 유리했다.[14] 극지 탐험가 프리드쇼프 난센Fridtjof Nansen, 1861~1930의 유명한 배 프람Fram호도 단단하기로 유명한 녹심목을 써서 건조됐고, 얼음바다를 몇 년이나 탐험하면서도 끄떡없었다.[15]

마모와 바램

뭔가를 두고 닳았다고 할 때 그 말에는 많은 뜻이 담겨 있다. 예를 들어 구두를 생각해보자. 마찰이 구두창을 점점 긁어내서 결국 구멍을 뚫어놓는다. 우리가 발을 쓸거나 미끄러질 때마다 원자가 몇 층씩 닳아 없어지다가 결국 아무것도 남지 않게 된다. 발등의 가죽도 우리가 걸을 때마다 앞뒤로 접혔다 펴졌다 한다. 페이퍼클립을 폈다 구부렸다 하는 것과 같다. 다만 내부의 콜라겐 섬유 덕분에 가죽은 페이퍼클립보다 신축성이 있어서 결국 너무 약해져 끊어지기 전까지 수천, 수만 번의 오락가락을 견뎌낼 수 있을 뿐이다. 생가죽은 동물에게 붙어 있을 때도 신축성이 뛰어나지만, 무두질 가공 과정에서 수분이 제거되고 내부 단백질 분자들 사이에 단단한 교차결합이 생겨서 내구성이 훨씬 강화된다. 가황고무에서 봤던 분자 교차결합과 비슷하다.[16] 우리가 구두에 윤을 내는 건 가죽의 신축성과 유연성 유지를 위해 콜라겐 섬유에 기름을 치는 것이다. (물기를 막는 효과와 반짝이는 외관은 덤이다.)

자외선은 왜 색을 바래게 할까?

가죽구두 같은 것이 닳았다는 것은 우리가 재료를 망가지는 정도까지 그리고 그 이상까지 썼다는 뜻이다. 대개는 해져서 구멍이 나거나 찢어지기 전에 즐겨 입던 원피스나 셔츠와 작별을 고한다. 색이 바래는 것만으로도 충분히 불쾌하다. 직물은 왜 색이 빠질까? 색이 바래는 가장 일반적인 이유는 염색을 했기 때문이고, 기본적으로 염료는 직물 섬유에 주입된 화학약품이다. 볕을 쬐면 색이 바래는 주된 이유는 햇빛에 있는 자외선 때문이다. (맞다. 우리 얼굴을 태우는 바로 그 고에너지, 고주파 광선을 말한다.) 자외선이 염료 분자들을 때리면 광퇴화photo-degradation가 일어난다. 즉 분자들이 다른 형태로 재배열되는 바람에 전과 같은 방식으로 빛을 반사하지 않게 된다. 영수증이나 팩스의 글자가 햇빛에 얼마나 빨리 날아가는

지 생각해보라. 잉크로 인쇄한 게 아니라 류코 염료leuco dye 라고 불리는 감열성 화학물질을 이용했기 때문이다. 류코 염료는 무색과 유색의 두 가지 형태다. 감열식 프린터의 뜨거운 인쇄헤드가 특수 감열지를 지나가면 발색이 일어나 글자가 나타난다. 류코 염료가 무색에서 유색(검은색)으로 변환된 것이다. 자외선은 반대로 탈색을 일으킨다. 즉 류코 염료 분자들을 도로 변환시켜 감열지에서 색을 빼고 글자들을 날린다.[17]

플라스틱도 광퇴화한다. 그것도 종종 급격하고 극단적으로. 2007년, 비싼 돈을 들여 단장한 런던 웸블리 스타디움이 재개장했다. 그런데 새로 설치한 9만여 개의 선홍색 좌석 중에 17,000개가 광퇴화 현상으로 인해 금세 분홍색으로 바래고 말았다.[18] 여러분도 알다시피 투명했던 플라스틱이 시간이 지나면서 칙칙해질 때가 많다. 심지어 누렇게 변하기도 한다. 이때도 범인은 광퇴화다. (물병에 쓰이는 PET 같은) 투명 플라스틱은 빛 파동을 거의 변화 없이 통과시킨다. 플라스틱이 누렇게 되는 것은 내부의 분자들에 변형이 와서 빛의 일부만 보내고 나머지는 흡수하기 때문이다. 보내주는 빛이 빨강과 녹색 계열이라서 오래된 플라스틱은 우리가 아는 누런색을 띠게 된다. 부작용도 있다. 변색과 함께 플라스틱 구조도 취약해져서 갈라지고 부서질 가능성이 대폭 높아진다. 짜증

나는 일이지만 사실 광퇴화는 플라스틱을 환경에서 분해하는 유용한 방법이다. 광퇴화 같은 자연 효과의 도움이 없으면 플라스틱은 영원히 우리 주위에 뭉개고 있어야 한다.

녹과 부식

재료가 망가지는 것이 모두 물리적 문제는 아니다. 일부는 화학적 또는 생물학적 문제다. 차가 녹슬어 문드러지기 시작하는 것은 화학반응이다. 페인트칠이 긁히거나 벗겨져서 노출된 철이 물이나 공기 중 산소와 반응해 산화철을 형성한다. 산화철의 보다 익숙한 이름은 녹이다. 강하고 견고한 철과 달리 산화철은 각질처럼 일어나 가루로 날리기 때문에 철이나 강철의 녹슨 부분은 취약점이 된다. 철에 크롬을 추가해서 스테인리스강을 만들면 철원자 주위에 형성되는 산화물 보호막이 산소와 물의 공격을 막아 (전적으로는 아니라도) 녹이 슬지 않는다. 페인트가 정확히 같은 일을 한다. 어렸을 때는 사람들이 자동차의 외관을 위해서 도색을 한다고 생각했다. 하지만 그건 정말 부수적인 목적이었고 주된 이유는 습기와 녹을 막기 위해서였다. 알루미늄으로 만든 자동차와 선박은 페인트칠이 필요 없다. 외면에 산화물 층이 자연스럽게 형성돼 반짝임과 안전을 유지한다.

부식도 녹과 비슷하다. 다만 금속이 아니라 나무를 갉아먹는 생물학적 골칫거리다. 치료법은 정확히 같다. 나무와 (균으로 가득한) 공기 사이에 장벽을 만드는 것이다. 그러면 나무를 거의 무한정 썩지 않게 할 수 있다. 그런데 나무 창틀에 페인트를 칠하면 목재가 망가지는 걱정이 없어지는 대신 다른 걱정이 생긴다. 페인트가 애물단지가 된다. 페인트는 덥고 차가운 날씨 속에 '숨을 들이쉬고 내쉬다가(즉 팽창과 수축을 반복하다가)' 금이 가고 부서지고 떨어져 나간다. 그러다 밑에 있는 나무가 무방비로 노출되면 더 심각한 피해가 발생한다. 크레오소트creosote라는 게 있다. 콜타르로 만드는 진갈색 목재 보존제인데, 여기 함유된 100가지 이상의 화학화합물이 페인트와는 전혀 다른 방법으로 나무를 썩지 않게 보호한다. 외부 장벽을 만드는 대신 자연적 독성을 발휘해 부식을 일으키는 미생물을 막는다. (즉 균류, 곤충, 진드기, 흰씨들이 울타리나 전신주 등을 공격하지 못하게 한다.) 문제는 유독성 발암물질인 크레오소트가 목재에서 외부 환경으로 배출된다는 것이다.[19] 한 가지 문제를 해결하면 이렇게 또 다른 문제가 생긴다.

나무들은 수백 년을 흔들려도 끄떡없는 반면 목재 창틀은 수십 년을 버티기 힘들다. 어째서 살아 있는 나무는 문이나 창문의 목재처럼 썩지 않는 걸까? 목피 때문이다. 목피는 대개 방수가 되고 유분이 많아서 벌레를 퇴치한다. 일종의 천연 크레오소트인 셈이다. 자작나무 껍질인 라플란드의 경우 전통적으로 방수 의류와 신발을 만드는 데 쓰인다.[20] 또한 나무의 셀룰로오스(식물의 기본 성분)와 리그닌(식물의 세포벽을 구성하는 복합 폴리머)이 습기와 미생물에 뛰어난 저항력을 가진 고밀도 장벽을 형성한다. 껍질이 벗겨진 무방비 상태의 목재는 온도와 습도가 더 높아서 곰팡이가 잔치하기에 딱 좋다.

플라스틱의 자기치유

누군가 내 차를 긁어놓고 가는 것보다 더 짜증나는 일이 있을까? 자동차에도 생각하는 능력이 있어서 이런 일이 생기면 내가 돌아오기 전에 스스로 카센터를 찾아가서 자동 도색을 받는다면 얼마나 좋을까? 하지만 그런 일은 일어나기 힘들다. 그렇다면 차선책은 자기복구 기능이 있는 페인트다. 그런 페인트는 이미 있다. 지금의 다양한 페인트는 본질적으로 플라스틱이다. (정확히 말하면 착색안료를 함유한 아크릴 폴리머다.) 철이나 목재처럼 상대적으로 취약한 재료에 얇게 도포하는 플라스틱인 것이다. 이미 재료과학자들이 작은 손상에 자동으로 반응하는 수리 메커니즘을 내장한 플라스틱을 다양하게 개발해놓았다. 이것을 자기치유재료self-healing materials라고 한다.

이런 재료는 어떻게 작용할까? 플라스틱 내부에 접착제를 담은 미세 캡슐과 촉매(화학반응을 촉진하는 물질)가 들어 있어서, 플라스틱이 긁히거나 갈라지면 캡슐이 터지고, 캡슐에서 유출된 접착제(또는 일종의 치유제)가 촉매의 도움을 받아 손상을 신속히 보수한다. 또 다른 자기치유 플라스틱은 내부에 혈관과 비슷한 수리관이 있고 이 관들이 접착제(리페어 겔)로 가득한 저장고에 연결돼 있다. 재료에 금이 가면 해당 지점의 수리관이 터져 저장고의 압력이 해제되면서 마법의 화학물질을 필요한 곳에 뿜어낸다.

　소소한 균열과 상처는 이런 방식으로 수리될 수 있다 해도, 보다 심각한 손상은? 미국항공우주국NASA은 전투기의 총탄 구멍과 우주선의 운석 충격을 자동으로 수리하는 대규모 자기치유재료를 개발해왔다. 총탄이 플라스틱 동체에 맞을 때의 엄청난 에너지가 재료를 가열해서 해당 부위가 순간적으로 액체로 변한다. 따라서 총알이 관통할 때 플라스틱이 순간적으로 그 주위에 흘렀다가 원래 상태로 돌아가며 틈을 막아 손상을 즉각 보수한다. NASA의 실험에서 이 자기치유재료는 미소운석의 속도(최대 18,000km/h, 첩보제트기 순항속도의 20배)로 충돌이 일어날 때도 자체 봉합이 가능한 것으로 입증됐다.[21]

자기치유재료의 작용 방식 플라스틱 안에 접착제 캡슐(파란색 점들이 들어 있는 검은 원)과 접착 작용을 촉진하는 촉매(흰색 점들)가 내장돼 있다. 플라스틱에 균열이 생기면 그 지점의 캡슐이 파열돼 접착제가 흘러나온다. 접착제가 균열을 타고 흐르며 봉합한다.

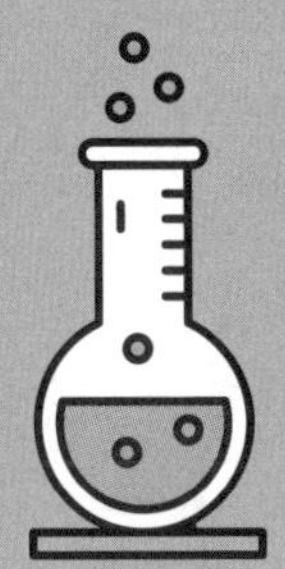

배수구와 만년필의 공통점

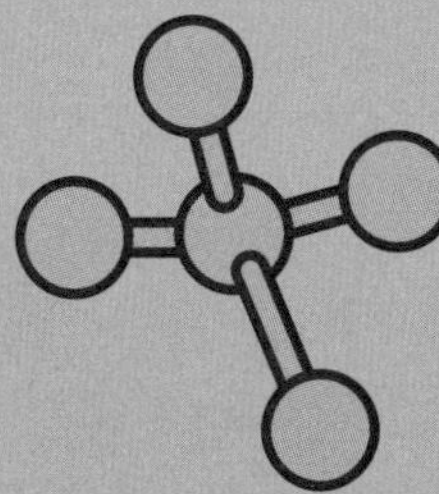
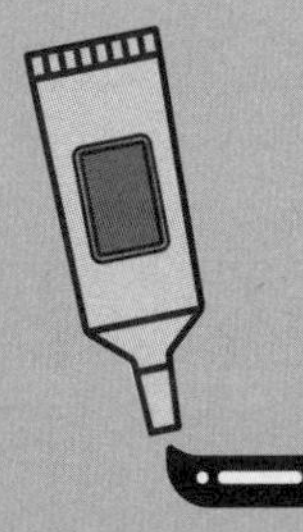

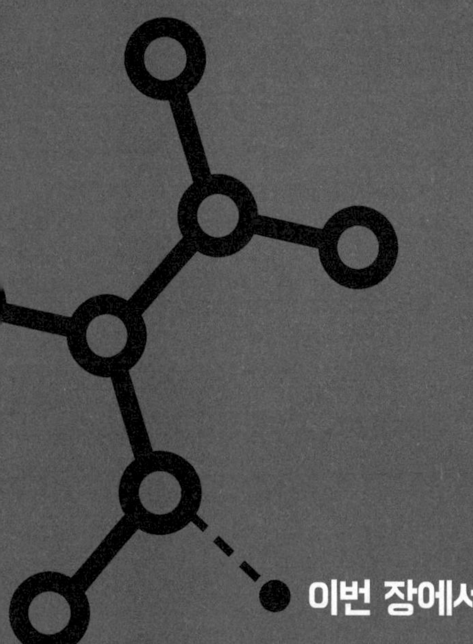

이번 장에서 알아볼 것

* 우리는 왜 물로 몸을 씻을까?
* 책상보다 변기가 더 깨끗하다?
* 집을 데우는 데 물이 최고인 이유
* 샤워와 목욕, 어떤 게 더 물을 절약할까?

우리가 물을 벗어날 방법은 없다. 특히 아기들은 그냥 커다란 물주머니라 해도 과언이 아니다. (아기의 몸은 80%, 성인의 경우는 대략 60%가 물이다.)[1] 지구도 다르지 않다. 지구라는 이름이 무색하게도 우리 행성은 75%가 물로 덮여 있다. 인도의 몬순이나 북반구의 축축한 겨울에 갇혀 있을 때는 75%가 아니라 세상이 다 물처럼 느껴진다. 심지어 집도 물이 지배한다. 집을 돌리는 게 전기 같아도 막상 온종일 집 안팎을 콸콸 드나드는 것은 물이다.

물 생각에 빠져보는 좋은 방법 중 하나가 욕조에 드러누워 비누 거품이 만드는 형형색색을 구경하는 것이다.[2] 한번 욕실에 들어가면 나오기 싫은 이유는 많지만 그중 하나가 목욕이나 샤워할 때 물에 젖는 만큼 상념에도 젖기 쉽기 때문이다. 다만 우리는 아르키메데스Archimedes가 아니라서 욕실에서 딱히 과학을 생각하진 않는다. 위생 문제를 제외하면 과학

과 목욕이 무슨 상관이 있을까? 답은 '상관이 많다'다. 목욕은
물로 하는 것이고, 물은 과학으로 작동한다.

우리는 왜 물을 좋아할까?

H_2O. 물은 세상의 모든 욕실을 지배할 뿐 아니라 생명을 근
본적으로 정의하는 물질이다. 우리는 화성으로 우주탐사선
을 보내서 화성 표면에 탐사 로봇을 내려보낸다. 왜? 모두 마
법의 생명수, 즉 물을 찾기 위해서다. 물이 있는 곳이 생명
이 있는 곳이다. 이것이 우리의 명제다. 굽이치는 강, 파도치
는 바다, 반짝이는 호수, 포근한 안개. 지구의 물이 마법처럼
보여주는 여러 얼굴에 취해 우리는 물의 화학적 성격은 대
개 간과하고 산다. 1781년 영국 과학자 헨리 캐번디시Henry
Cavendish, 1731~1810가 유명한 실험을 수행했다. 공기를 채
운 유리 항아리 안에서 수소 가스를 태우자 유리에 이슬방울
들이 맺혔다.[3] 만약 물을 이런 식으로 뚝딱 제조할 수 있다면
우리가 물을 지금처럼 숭배하는 일은 없을 거다. 제조된 물을
산화이수소dihydrogen oxide라 부른다 치자. 그걸 고급 레스토
랑에서 비싼 값에 마시는 일도 없을 거다.

주위에 흘러다니는 물을 측정해보면 물이 우리에게 얼마

나 중요한지 체감할 수 있다. 평균적인 가정에서는 매일 약 1,500*l*의 물을 마시고, 끼얹고, 끓이고, 흘려보낸다.[4] 믿거나 말거나 요즘 변기는 물을 내릴 때마다 12*l*씩 쓰고, 오래된 변기는 그 두 배를 잡아먹는다. 친환경 세탁기조차 최대 용량으로 돌렸을 때 35~50*l*의 물을 빨아들인다.[5] 변기와 세탁기만 해도 물을 엄청나게 쓴다. 여기에 목욕은 100*l*를 꿀꺽하고, 5분 파워 샤워도 비슷한 양을 쓴다.[6] 네 사람이 변기물을 내리고 몸을 씻는 데 물 100양동이쯤은 순식간에 동난다.

우리는 물을 너무 사랑한다. 웨이터가 이산화수소 한 병을 테이블로 가져오면 우리는 부랴부랴 잔을 채우고 벌컥벌컥 들이켠다. 속이 씻기는 그 기분이란! 이보다 더 순수하고 시원한 것이 또 있을까? 우리는 옷을 세탁할 때도 물을 사용한다. 물만큼 효과적인 용매가 없기 때문이다. 물은 종류를 가리지 않고 물질을 녹인다. 이 말은 애초에 '순수한 물' 같은 건 없다는 의미다. 깨끗하다고 간주되는 수돗물조차 용해된 광물로 가득하다. (그 밖에 차라리 모르는 게 나은 것도 다수 함유돼 있다.) 지구의 물 공급은 엄격히 한정적이고 전적으로 재활용된다. 뭔가를 마실 때 사실 우리는 아이작 뉴턴Isaac Newton, 1642~1727, 아인슈타인을 비롯한 과거 여러 과학자가 한때 오줌으로 배출한 물 분자들을 들이켜는 것이다.[7]

우리는 몸도 옷도 비누와 물로 씻고 세탁한다. 왜 항상 물

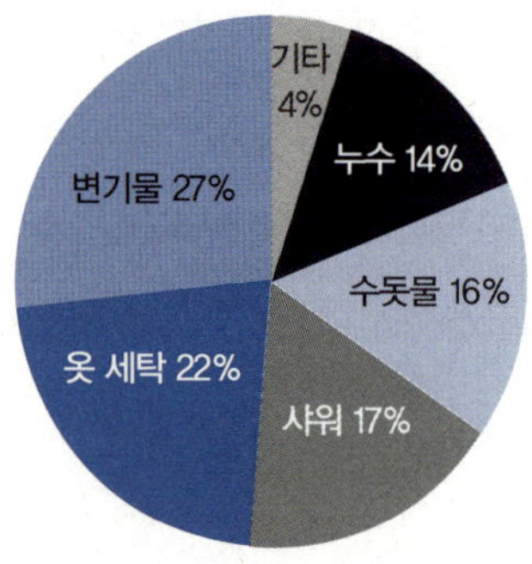

가정의 물 사용 이 도표의 백분율은 반올림한 수치다. 미국 환경보호국US EPA이 인용한 다음의 자료를 기반으로 했다. American Water Works Association Research Foundation, 'Residential End Users of Water 1999.'

일까? 물 아니면 세척이 불가능한가? 그렇지 않다. 다른 방법을 쓸 수도 있다. 예를 들어 옷에 드라이클리닝 기법을 적용한다든지, 몸에 무독성 세정제를 뿌린다든지, 또는 일종의 연마제 가루를 피부에 발사할 수도 있다. 마치 중세 성당에 모래를 분사해서 시커멓게 앉은 매연 검댕을 벗겨내는 것처럼. 또는 고양이나 소처럼 몸을 핥아서 깨끗이 하는 방법도 있다. 그럼 왜 이런 방법을 쓰지 않는가? 비누와 물이 저렴하고, 풍부하고, 지극히 효과적이기 때문이다. 비누 성분이 함유된 물티슈를 제외하면 나는 아직까지 사람의 몸을 닦는 다른 방법을 제안하는 사람을 보지 못했다. 대안 개발에 막대한 금전적 보상이 따를 수 있는데도(출근 전 30초 만에 온몸을 말끔히 닦고 상큼한 향기까지 선사하는 1회용 수건이 개발된다면 얼마나 잘 팔릴지 상상해보라) 발명가들이 웬만해서는 그런 일에 나서지 않는다. 그만큼 우리가 물을 당연시하기 때문이다. 물은 모든 면에서 완벽해 보인다.

열을 운반하는 도구

썰렁한 욕실에서 홀딱 벗고 있을 때는 뭔가 뜨겁고 풍부한 것으로 몸을 씻는 게 최고다. 물의 비열용량specific heat capacity은 엄청나다. 물은 다른 물질에 비해 1kg(약 1ℓ)의 온도를 1°C 올리는 데 많은 에너지(4,200J)를 요한다. 물 분자는 매우 가벼운 원자들(수소는 원자 중 가장 가볍고 산소는 여덟 번째로 가볍다)로 이루어져 있고, 따라서 물 1kg에는 동량의 다른 물질보다 더 많은 분자가 있기 때문이다. 각각의 분자는 진동하거나 다양한 방식으로 움직이면서 일정량의 열을 흡수한다. 다시 말해 물이 열을 흡수하는 힘의 원천은 압도적인 분자 수에 있다.

그게 어떤 힘일까. 감을 잡기 위해 이렇게 상상해보자. 주전자에 물 1ℓ를 채우고, (만약 가능하다면) 철 덩어리로 주전자 모형을 만든다. 이제 두 주전자를 레인지에 올리고 동일한 시간 동안 가열해 각각 동일한 양의 에너지를 흡수하게 한다. 주전자의 물이 끓어오른다. 그럼 철 덩어리는 어떻게 될까? 녹아내리지는 않겠지만 엄청나게 뜨거워진다. 철의 온도는 700°C까지 무시무시하게 상승한다.[8] 물의 온도를 높이는데 엄청난 양의 에너지가 든다는 사실이 물을 완벽한 열 운반체로 만든다. 이것이 우리가 욕조에 들어앉아 상념에 젖어 있을 때, 욕실 반대편 라디에이터 속에서 콸콸대며 우리에게 따듯함과 포근함을 주는 것 또한 물인 이유다.

왜 물일까?

중앙난방시스템을 반드시 물로 채워야 하는 자동적인 이유는 없다. 기름이나 가스로 채울 수도 있고, 심지어 고체 쇠막대를 이용해 전도 현상만으로 각 방으로 열을 운반할 수도 있다. 다만 똑같이 효과적이지 않을 뿐이다. 중앙난방 파이프 대신 철봉이 집을 구불구불 관통하며 이어져 있다고 상상해보자.[9] 이제 가스보일러나 석탄불로 철봉의 한쪽 끝을 달군다고 상상하자. 방을 훈훈하게 하려면 철봉이 정말로 뜨거워야 한다. 전기히터의 열선을 생각해보라. 그야말로 새빨갛게 달아오른다. 열선의 온도는 일반적으로 750°C에 이르고 열선 뒤를 둘러싼 반짝이는 반사판이 열을 히터 밖으로 분산시킨다.[10] 보일러에서 각각의 방과 아래위층으로 뻗어나갔다가 다시 보일러로 돌아오며 집을 뱀처럼 휘감은 상상 속 철봉도 그만큼 뜨거운 상태를 유지해야 난방이 가능하다.

방이 철봉에서 열을 받아 따뜻해질 때 에너지 보존의 법칙에 따라 철봉은 그만큼의 에너지를 잃는다. 철봉은 극적으로 식고, 이는 모든 방에서 일어난다. 이 상상의 철봉이 각 방을 덥히기에 충분한 열을 방출하는 동시에 다음 방으로 전달할 열을 계속 유지하고 있을 방법은 없다. 그러려면 철봉이 마지막 방을 통과할 때도 여전히 뜨거워야 하고, 그러려면 첫 번째 방에서는 그보다 더 뜨거워야 하는데, 그건 불가능하다. 결론은 이렇다. 철봉은 집에 불을 낼 위험이 없는 안전한 온도를 유지하는 동시에 모든 방을 덥힐 만큼 뜨겁게 각각의 방으로 이어지는 일을 해내지 못한다.

물의 보온력

벌겋게 달아오른 쇠막대는 집을 덥힐 수 없다. 아직도 헷갈리는가? 요점은 열에너지와 온도의 차이다. 우리는 직관적으로 뜨거운 것에 열에너지도 많다고 생각한다. 하지만 항상 그렇지는 않다. 물체의 온도(얼마나 뜨거운가)와 그것이 얼마의 열에너지를 함유하는가의 사이에는 근본적 차이가 있다. 이것이 차가운 빙상이 엄청난 열을 함유한 이유다.

이때 과학교사가 즐겨 드는 예가 있다. 우리가 애플파이를 먹을 때, 어째서 파이 속 사과에는 입천장을 데도 파이 껍질에는 데지 않을까? 건조하고 바삭한 껍질은 상대적으로 수분이 없어서 비열용량이 낮고, 따라서 대부분 물로 이루어진 사과 속보다 열에너지 함유량이 적기 때문이다. 입천장이 파이 껍질에 닿을 때 페이스트리가 식으며 그 열을 우리 입으로 방출하지만 입천장을 델 정도의 에너지는 아니다. 반면 물기 많은 파이 속은 훨씬 많은 에너지를 방출해 입천장을 데게 한다. 같은 이유로 알루미늄 포일에 싼 파이의 경우 오븐에서 막 꺼낸 것도 잠깐은 맨손으로 만질 수 있다. 알루미늄은 상대적으로 비열용량이 낮기 때문에(물의 5분의 1) 처음에는 온도가 높았다 해도, 사람 손에 닿아서 온도가 체온 수준으로 내려갈 때 손을 데게 할 만큼의 열을 방출하지는 않는다.

중앙난방으로 돌아가보자. 물을 채운 파이프가 집에 같은 경로로 설치된 고체 금속 막대보다 훨씬 더 효과적으로 작동하는 이유는? 중앙난방시스템의 물은 어떻게 각 방마다 열을 뿌리면서도 동시에 계속 뜨거운 상태를 유지하며 열을 다음 방으로 계속 전달할 수 있을까? 모든 것은 물이 가진 높은 비열용량으로 귀결된다. 물에 빽빽이 들어찬 분자들 덕분에 물은 놀라운 열 유지 능력을 가진다. 철의 비열용량은 물의 약 9분의 1이다. 다시 말해 철이나 강철 1kg의 온도가 10℃ 내려갈 때 내놓는 열에너지는 물 1ℓ(즉 1kg)가 같은 정도로 식을 때 발산하는 열에너지의 9분의 1에 불과하다. 중앙난방시스템의 물은 보일러에서 흘러나와 각 방으로 흘러갔다가 다시 보일러로 돌아오는 과정에서 계속 식어간다. 하지만 그 과정에서 엄청난 양의 열을 발산한다. 거기다 물은 매우 유동적인 액체라서 신속히 회수돼 열을 다시 공급받아 같은 과정을 반복한다.

이것이 우리가 겨울철 침대 속에 가열한 금속 덩어리 대신 뜨거운 물주머니를 넣는 이유이기도 하다. 구리 베드팬으로

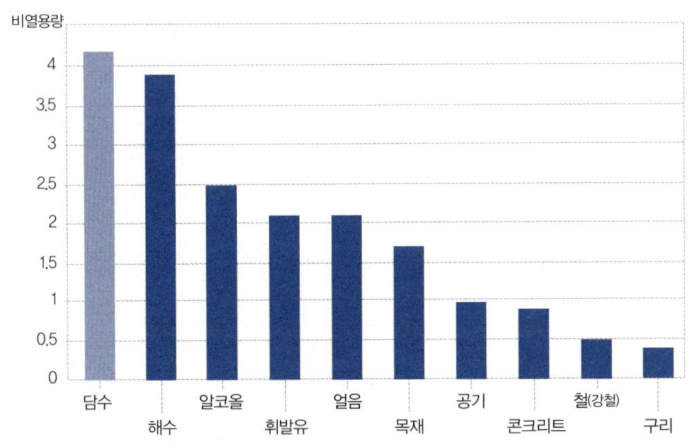

물이 열을 잘 보유하는 이유 물은 다른 어떤 물질보다 열을 잘 유지한다. 즉 비열용량이 높다. 바꿔 말하면 물의 온도를 올리는 데 다른 물질보다 많은 열을 필요로 한다. 일반적으로 말해 금속은 열을 극도로 잘 전달(전도)하기 때문에 비열용량이 낮다. 위의 그래표의 비열용량은 각 물질 1g을 1℃ 올리는 데 몇 줄 joule의 에너지가 필요한지를 측정한 것이다.

침대를 덥히던 시절도 있었다. 기다란 나무 손잡이와 경첩 뚜껑이 있는 프라이팬처럼 생긴 것이었는데 거기다 난로의 뜨거운 재를 채웠다. 베드팬은 아무리 뜨거워도 보온력이 높지 않았다. 구리의 비열용량이 상대적으로 낮기 때문이다. 여기에 더해 사용하기 불편하고 안전하지도 않았다. 이에 비해 두꺼운 양모 커버를 씌운 물주머니는 저녁에 뜨거운 물을 채우면 다음 날 아침까지도 비교적 따뜻하다. 자기 열을 붙잡고 있는 데 선수인 물 분자들 덕분이다. 같은 이치가 우리의 몸에도 적용된다. 침대에서 몸이 녹기까지 왜 그렇게 오래 걸릴까? 우리 몸이 물주머니이기 때문이다!

물의 움직임

파이프 안을 쉽게 흘러다니는 물의 특성도 열을 붙들고 늘어지는 특성만큼이나 중요하다. 만약 물이 더 걸쭉한(점성이 더 강한) 액체라면, 그래서 줄줄 흐르지 않고 진득하게 흐른다면 우리가 지금처럼 물을 많이 사용하지 못했을 거다. 물이 시럽의 속도로 움직이면 샤워하고 변기물을 내리고 설거지하고 옷을 세탁하는 데 얼마나 많은 시간이 걸릴지 상상해보라. 시럽 같은 물로 구동되는 중앙난방은 작동은 하겠지만 효과가 훨씬 떨어진다. 찐득한 물도 방에서 방으로 흐르며 같은 방식으로 식겠지만, 잽싸게 보일러로 돌아가 잃은 열을 신속히 보충하지 못한다.

배관은 물의 속성, 그중에서도 압력과 중력에 밀려 줄줄 흐르는 속성에 의지한다. 이 때문에 도시의 급수장과 저수탑은 열이면 열 언덕 꼭대기에 세워진다. 마찬가지로, 집에서 수도를 틀 때 물이 콸콸 쏟아지는 것은 물탱크가 높은 곳(주로 위층이나 옥상)에 위치해 있기 때문이다. 배관 설비는 첨단 기술 없이도 놀랄 만큼 효과적이다. 하지만 단점이 없는 건 아니다. 파이프로 돌진하는 물의 속도 때문에 급배수가 몹시 소란스러워진다. 물은 무거운 물질이고, 따라서 물이 고속으로 파이프를 타면 엄청나게 모멘텀이 붙는다. (올림픽 봅슬레이 팀이 트랙을 돌진하는 모습을 떠올려보라.) 수도꼭지나 밸브를 잠가서 물을 갑자기 막으면, 파이프를 타고 흐르던 물이 방파제에 부딪힌 파도처럼 뒤로 튕겨지며 배관공들이 '워터해머 water hammer'라고 부르는 시끄러운 진동음을 낸다.

물의 움직임은 종종 공기의 움직임과 연계되는데, 때로 서로 반대 방향으로 일어난다. 집에서 (주방 싱크대나 욕실 세면대에서) 해볼 수 있는 간단한 실험이 있다. 크기에 상관없이 빈 플라스틱 병에 물을 완전히 채우고 뚜껑을 꽉 닫는다. 이제 바늘로 병 옆구리에 작은 구멍을 여러 개 내고 무슨 일이 생기나 보자. 아무 일도 생기지 않는다. 기압이 구멍을 막아서 물이 전혀 또는 거의 흘러나오지 않는다. 그러다 뚜껑을 열면 물이 구멍들에서 줄줄 흘러나온다. 공기가 병 입구로 밀려들어 물을 구멍으로 밀어내기 때문이다.

일반적으로 물은 공기가 들어와 자리를 빼앗아야만 용기 밖으로 이동한다. 이것을 직접 관찰할 수 있다. 다음의 두 가지 방법 중 하나로 물병을 비워보자.

투명한 플라스틱 병에 목까지 물을 채운 다음, 병을 갑자기 뒤집어 병목을 똑바로 아래를 향하게 하고 물이 다 빠지는 데 얼마나 걸리는지 본다. 그동안 병목에서 무슨 일이 일어나는지 관찰한다. 병목에서 물이 줄줄 나오지 못하고 숨넘어가듯 간헐적으로 껄떡껄떡 나온다. 물과 공기가 싸우는 현장이다. 공기가 병 속으로 돌입하는 동시에 물이 쳐내려오는 것이다. 병에서 물을 비우는 것은 사실 병을 공기로 채우는 것을 의미한다. 물이 껄떡대는 것은 공기와 물이 교대해야 하기 때문이다. 물이 좀 나오고, 공기가 좀 들어가고, 물이 좀 더 나오고.

병에 다시 물을 채우고 이번에는 좀 다른 방법으로 비워보자. 병을 천천히 기울여 수평으로 만들면 물을 훨씬 조용히 (그리고 더 빨리) 비울 수 있다. 공기가 병목의 위쪽으로 유입되는 동시에 물이 병목의 아래쪽으로 흘러나올 수 있기 때문이다. 이때 공기와 물이 서로 반대 방향으로 평행하게 미끄러져 지나간다. 다시 말해 층흐름이 일어난다. 둘 사이에 사나운 싸움도 없고 섞임도 없다. 따라서 껄떡대는 소리도 없다.

세면대나 싱크대의 물을 조용히 비우고 싶다면 같은 과학 원리를 이용하면 된다. 배수구의 콸콸대는 소리는 배수관 어딘가에서 벌어지는 공기와 물의 싸움박질 소리다. 대개의 싱크대와 세면대의 배수관에는 냄새가 올라오지 않게 소량의 물이 고여 있는 U자형 곡선 부분이 있다. 세면기의 물이 마지막으로 빠지면서 극적인 콸콸 소리가 난다. 물이 배수관을 타고 빠르게 내려가며 뒤로 부분적 진공을 만들고, 이것이 U자형 부분의 물을 두드리기 때문이다. 세면대의 물을 비울 때 물을 빙빙 돌려서 배수구멍 주위에 소용돌이를 만들면, 물이 구멍 가장자리를 따라 선회하며 내려가고 가운데의 공극air gap이 콸콸 소리를 잡아준다. 물을 계속 빙빙 돌리면 어떤 소음도 없이 물을 내려보낼 수 있다. 한번 해보기를 권한다.

만년필의 원리

분명 흥미롭기는 한데 과연 실용적일까? 물론이다. 나처럼 옛날 감성을 즐기는 사람들은 편지나 생일카드를 쓸 때 아직도 만년필을 이용한다. 바로 여기에 물의 과학이 작동한다. (원할 때) 잉크를 종이에 흘려보내고, (원하지 않을 때는) 안전하게 펜 안에 가둬두는 과학.

만년필은 사실 마개가 없는 작은 물병이다. 펜을 뒤집어 펜촉을 아래로 향하게 하면 잉크가 종이에 퍼지게 된다. 물이 가득 든 병을 뒤집는 것과 같다. 그런데 그런 일이 일어나지 않는 이유는 펜촉이 잉크 카트리지에서 뻗어 나온 얇은 튜브에 연결돼 있고, 상향 공기압이 잉크물이 흘러내리는 것을 막아주기 때문이다. 뚜껑을 닫고 옆구리에 바늘구멍을 낸 병과 비슷한 상황이다. 그렇다면 잉크는 어떻게 펜을 빠져나와 종이에 묻을 수 있을까? 그건 물병을 수평으로 기울이는 것과 비슷하다. 펜촉과 카트리지를 잇는 얇은 튜브 바로 위쪽에 공기 통로가 있다. 잉크가 펜 밖으로 흘러나올 때 공기가 안으로 흘러들어 그 자리를 차지한다. 또한 만년필은 모세관 작용 capillary action을 이용한다. (모세관 작용은 액체가 외부의 도움 없이 표면장력에 의해 이동하는 현상을 말한다.) 종이 위에 펜을 그으면 종이섬유가 잉크에 달라붙어 펜촉에서 잉크를 쭉 끌어내린다. 각각의 잉크 분자가 다음 분자를 잡아당겨 잉크가 유연하고 기다란 사슬처럼 딸려 나온다. 하지만 잉크가 밖으로 나올 수 있는 궁극적 이유는 딱 하나다. 즉 공기가 들어가기 때문이다.

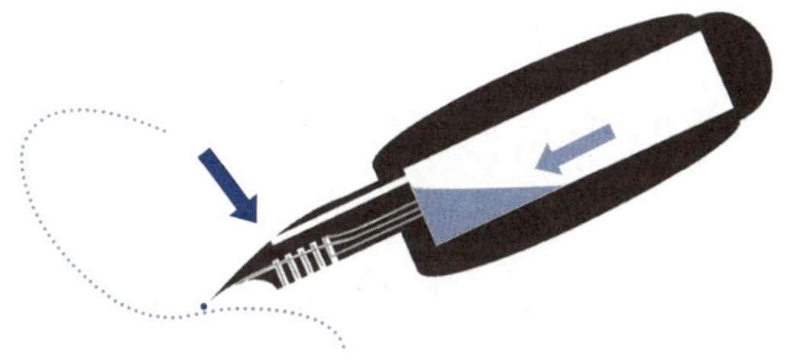

만년필의 작동 방식 만년필은 배수와 비슷한 과학으로 작동된다. 공기가 펜촉의 기공(진한 파란색 화살표)을 통해 유입되면서 잉크가 그 아래의 저장소(파란색 화살표)에서 얇은 튜브를 통해 흘러나온다. 이때 잉크는 모세관 작용에 의해 종이 위를 지나가는 펜촉에서 길게 딸려 나온다.

화장실의 물 사용법

가정용 배관도 대부분 같은 기법에 의존한다. 물이 빠져나올 수 있게 공기를 들여보내는 기법. 예를 들어 변기물이 후다닥 쓸려 내려갈 수 있는 것은 수조(위에 있는 물탱크)가 부분적으로 열려서 공기가 유입되기 때문이다. 그러지 않으면 변기물을 내리는 것이 뚜껑을 닫은 병에 구멍을 뚫어 물을 내보내려는 것과 같아진다. 즉 물이 거의 또는 전혀 빠져나가지 않는다. 화장실 배수관이 제대로 작동하려면 위에 환기구(또는 통기밸브)가 있어야 한다. 물을 내리면 공기가 배수관으로 유입돼 오수의 배출로 발생한 압력을 없앤다. 배수 원리는 결국 수압과 기압의 힘을 이해하여 둘이 손잡고 일하게 하는 것이다.

변기는 물이 쏴하고 빠지면서 새 물이 왈칵 밀려들어온다. 이것이 수세식 변기다. 하지만 거기서 끝은 아니다. 물 한 양동이를 변기에 붓는다. 다만 한꺼번에 붓지 말고, 한번에 한 스푼씩 부어보자. 당연히 이렇게는 변기물을 내리지 못한다. 실망스럽긴 해도 놀랍지는 않다. 새는 밸브와 물을 방울방울 떨구는 물탱크로는 변기물을 내릴 수 없다.

물만 있다고 되는 게 아니라면 남은 건 뭘까? 수세식 변기가 의지하는 또 다른 트릭은 사이펀siphon의 힘이다. 사이펀은 파이프를 뜻하는 고대 그리스어에서 유래한 용어로, 대기압을 이용해 액체를 한곳에서 다른 곳으로 옮기는 관을 말한다. 변기물이 쏴하고 빠지는 이유는 세면대 물이 콸콸 내려가는 이유와 같다. 수세식 변기 설계의 핵심은 배수관의 U자형 또는 S자형 부분이다. 이 곡선 부분에 약간의 물이 남아서 악취와 세균이 배수관을 통해 화장실을 습격하지 못하게 막는 일종의 위생 뚜껑 역할을 한다. 물을 내리면 약 12l의 물이 수조에서 변기로 쏟아져 들어온다. 변기로 들어오는 각각의 물방울이 U자형 부분의 물방울을 밀어내고, 거기에 밀려 배수관 끝부분의 물방울이 배수관을 떠난다. 하지만 연속 방정식을 기억하자. 다량의 물이 변기로 쏟아져 들어올 때 배수관을 나가는 물은 훨씬 빠르게 흘러야 한다. 물이 빠져나가며 가속해서 뒤의 물을 더 많이 끌어당기고, 이것이 강력한 사이펀(저압, 부분 진공, 흡입 작용)을 만들어 변기를 효과적으로 싹 비운다.

배관기술자는 가끔씩 보수·점검의 목적으로 변기의 물을 싹 뺀다. 이때 그들이 이용하는 오래된 기법이 있다. 물을 양동이에 가득 받아서 딱 맞는 각도와 속도로 변기에다 퍼부으면 변기를 말려버릴 정도의 강력한 사이펀 현상을 일으킬 수 있다. 하지만 배관이 좁은 신식 절수형 변기의 경우는 성공률이 떨어진다. 변기가 더없이 깨끗하고 옷이 물에 젖어도 상관없다면 몰라도, 직접 시도해보는 것은 추천하지 않는다. 잘못했다가는 그다지 향기롭지 못한 변기물을 온몸에 덮어쓰게 된다.

다들 변기를 입에 올리기 싫어하지만 세정수, 세균 방지 U-벤드, 정기적인 청소 등을 고려할 때 변기는 의외로 놀랄 만큼 위생적인 곳이기도 하다. 더럽기로는 아마 사무실 책상이 훨씬 더러울 거다. 애리조나대학교의 미생물학자 찰스 제르바Charles Gerba 박사는 책상 위보다 변기 위에서 샌드위치를 만드는 게 더 안전하다고 말했다. 우표 크기의 면적을 비교했을 때 변기시트에는 겨우 49마리의 미생물이 있지만 책상에는 약 1,000만 마리나 우글대기 때문이다.[11]

목욕 vs. 샤워

지구환경과 에너지 문제에 관심이 많은 사람이든, 단지 가스요금과 전기세를 걱정하는 사람이든 누구나 한번쯤 목욕이 좋을지 샤워가 나을지 생각한다. 얼핏 생각하면 하찮고 쉬운 문제다. 더운물로 욕조를 반쯤 채우는 것이 4분의 1 채우는 것보다 에너지도 (돈도) 더 든다. 욕조의 4분의 1. 욕조의 마개를 막고 5분간 서서 샤워하면 대충 그 정도 물이 모인다. 검약한 환경 감사관 니콜라 테리Nicola Terry에 따르면 평균 잡아 목욕은 일반 샤워의 네 배, 파워 샤워의 두 배의 에너지를 쓴다.[12] 따라서 샤워가 언제나 목욕보다 낫다. 정말 그럴까?

아마도. 하지만 좀 더 깊이 생각해볼 필요가 있다. 목욕은 왜 그렇게 비효율적일까? 영국이나 북미 동해안에 사는 사람이 여름에 바다 수영을 하고 싶다면 잠수복과 부츠와 장갑이 필요하다. 물은 공기보다 밀도가 높아서 동일 온도에서 공기보다 약 25배나 빠르게 체온을 빼앗는다.[13] 물의 비열용량이 높아서 식는 데 상대적으로 오래 걸리지만, 그렇기 때문에 인체에서 상대적으로 많은 양의 열을 가져간다. 이것이 목욕물이 뜨거워야 하는 이유다. 목욕물이 몸을 덥히지는 않고 땀만 뚝뚝 흐르게 하면 심부 온도가 내려가 이가 달달 떨린다. 차라리 몇 분 냉수 샤워를 하는 게 안전하다. 샤워의 경우 피부에 닿는 물의 양이 상대적으로 적어서 심부 온도에 영향이 적다. 하지만 차가운 물에 들어앉아 있는 것은 다르다. 그때는 시간이 얼마든 몸이 덜덜 떨린다. 그건 상쾌하지도 안전하지도 않다. 몸이 떨리는 것은 저체온증을 막으려는 인체의 초기 방어 메커니즘이다.

목욕물과 샤워물의 평균 온도에 대한 마땅한 과학적 자료를 찾지 못해서 나는 사람들이 샤워할 때보다 목욕할 때 물을 더 뜨겁게 사용한다는 합리적 추론을 해본다. 누구라도 15~30분 욕조에 있으면 물이 식을 것을 감안해 물을 가급적 뜨겁게 받지 않을까? 우리 집 샤워기에는 안전 스위치가 있어서 물 온도를 38°C 이상 올리려면 수동으로 잠금을 해제해야 하는데, 내 생각에 사람들은 이보다 더 뜨겁게 목욕한다. 따라서 목욕이 샤워보다 비효율적이다. 목욕할 때 우리는 물을 필요 이상 많이 쓸 뿐 아니라 더 뜨겁게 쓴다. (또한 물의 비열용량 때문에 물 온도를 올릴 때마다 비용도 올라간다.)

지구와 지갑 모두를 위해 목욕보다는 샤워가 좋다. 그런데 항상 그럴까? 샤워기가 강력하고, 오래 샤워하고, 물을 뜨겁게 쓸수록 목욕에 필적하는 에너지를 쓸 가능성이 높아진다. 매일 목욕하는 사람은 많지 않지만, 많은 사람이 매일 샤워한다. (심지어 하루에 두 번씩도 한다.) 일주일에 4회의 샤워는 목욕 1회 이상의 물을 쓴다. 따라서 조심하지 않으면 샤워로 더 많은 에너지를 소비할 수 있다.

에너지를 절약하려면

그럼 친환경 저低에너지 샤워기는 어떨까? 이 샤워기는 샤워 헤드를 통과하는 물의 흐름을 제한한다. 샤워기를 바꾸지 않고 구멍이 잘게 뚫린 플라스틱 와셔washer를 파이프 안에 삽입하는 것만으로도 물의 흐름을 줄일 수 있다. 에너지 보존의 법칙이 우리가 에너지 절약 샤워에 대해 알아야 할 모든 것을 말해준다. 에너지 소비를 줄이려면 샤워하는 동안 샤워헤드로 흘러나오는 열에너지 총량을 줄여야 한다. 다시 말해 물을 덜 쓰거나 덜 따뜻하게 써야 한다. 수온이 같다면 샤워 시간을 줄이거나, 같은 시간이면 수온을 낮추거나, 같은 수온과 같은 시간이면 초당 물 사용량을 줄여야 한다. 이것만이 유일한 옵션이다. 물 사용량, 물 온도, 샤워 시간 중 무엇을 줄일 것인가? 줄이는 사람 마음이지만 뭐가 됐든 줄이긴 줄여야 한다.

친환경 샤워헤드를 사용해봤자 샤워의 질이 뚝 떨어지는 건 마찬가지다. 물리법칙에 따라 그럴 수밖에 없다. 물의 양(초당 물 사용량, 물 사용 시간)과 물 온도 중 하나를 줄이지 않고서는 샤워에서 에너지 절약은 불가능하다. 이 사실을 인정하면, 에너지 비용을 약간 줄여보겠다고 비싼 첨단 샤워헤드에 돈을 쓰는 것은 의미가 없다. 그냥 샤워 시간을 줄이거나, 수온을 낮추거나, 샤워 횟수를 줄이는 게 방법이다. 논리적이고 명료하게 생각하자. 과학적으로 생각하자.

피부의 진가

욕실에서 마주할 수밖에 없는 두 가지가 있다. 물과 나 자신. 욕조에 누워 멍 때리다보면 이 문제가 더 단순해진다. 피부의 70~80%가 물이기 때문이다. 결국에는 모든 것이 물이다.

인체가 피부로 둘러싸인 물 덩어리라지만 피부 자체도 물 덩어리다. 우리가 그걸 알아차리지 못하는 건 모든 물이 세포 안에 갇혀 있기 때문이다. 욕조에 몸을 오래 담그고 있으면 피부가 완전히 새로운 차원을 맞이한다. 손가락들이 쟁기질한 밭처럼, 자동차 타이어처럼 우글쭈글 잡힌다. 젖은 피부가 목욕물에 불어서 그렇게 된다는 게 통념이다. 그런데 최근의 과학이론은 다른 주장을 한다. 사실 손가락은 물속에서 오그라든다. 물속에서 혈관 수축이 일어나기 때문이다. 뉴캐슬대학교의 톰 스멀더스Tom Smulders는 피부가 젖어서 쭈글쭈글해지는 것은 젖은 물체를 잘 잡기 위한 진화적 반응이라는 설을 제시했다.[14]

피부가 대부분 물이라면 건성 피부라는 말은 모순어법이다. 우리가 손을 씻고 나서 하는 것이 손을 말리는 일이다. 피부를 신속히 말리는 것은 사실 생각만큼 쉽지 않다. 지하철 공중화장실에서 손을 다급히 터는 바쁜 현대인들을 떠올려보라. 종이타월로는 물기가 싹 빠지지 않고, 건조기도 소리만 요란했지 영 만족스럽지 않다. 영국 발명가 제임스 다이슨James Dyson의 에어블레이드Airblade는 10초 만에 손을 말려준다고 광고한다. 어떻게? 1분에 9만 번 회전하는 전기모터가 점보제트기 순항속도의 80%에 해당하는 690km/h의 속도로 손 주변의 공기를 빨아들인다.[15]

양모, 금속, 섬유유리, 플라스틱을 비롯한 지구상 모든 물질 중에서 피부만큼 재간둥이인 것도 없다. 방수성, 통기성, 자기복원력, 탄력성을 두루 갖춘 데다 매력적이기까지 하고, 작은 충격과 일광 노출에 대한 보호책이 되어준다. 사실 피부는 입에 침이 마르게 칭찬해도 부족하다. 누군가 여러분을 향해 '스키니skinny하다'고 하면 초특급 칭찬으로 생각해도 무방하다.

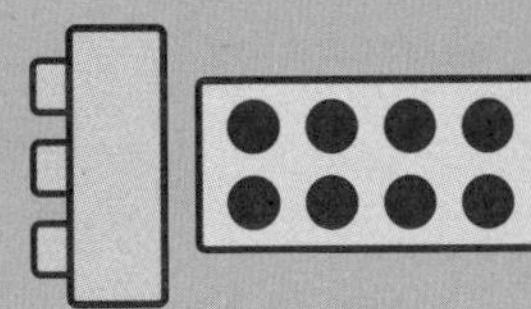

6장

빨래의 과학

#오염 #용해

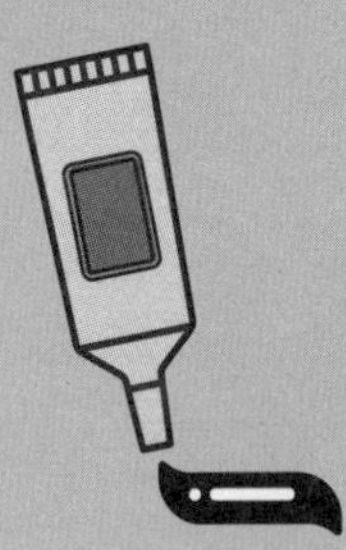

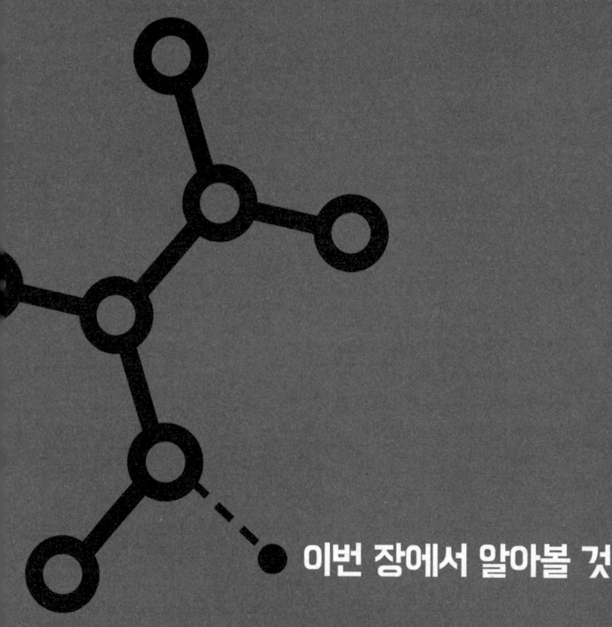

이번 장에서 알아볼 것

* 세탁과 건조의 과학적 원리
* 세제가 하는 역할은 무엇일까?
* 한겨울에 빨래가 잘 마르는 이유
* 빨지 않아도 되는 옷이 있다?

"이 더러운 것!" 누군가 농담으로라도 이렇게 말한다면 심각하게 받아들이자. 이 말에 숨은 엄청난 진실을 외면하지 말자. 예를 들어 우리는 매일 약 1,000억 마리의 박테리아를 배설한다.[1] 또한 우리 중 11%가 손에 더러운 변기 못지않게 많은 배설물 박테리아를 묻혀 가지고 다닌다.[2] 2011년 10월, 항균 비누 브랜드 라이프보이Lifebuoy는 적절한 위생이 개발도상국의 유아사망률을 얼마나 줄이는지 보여주기 위해 대대적인 홍보 프로젝트를 조직했고, 그 일환으로 37,809명의 나이지리아 초등학생이 동시에 손을 씻는 장면을 연출하기도 했다.[3] 하지만 우리 대부분은 깨끗한 척하는 것과 달리 청결 유지에 별로 신경 쓰지 않는다. 우리 중 95%는 화장실에서 일을 본 후에 손을 씻는다고 말하지만 실제로는 67%만 실천에 옮긴다. (남자가 여자보다 더 형편없다. 92%가 청결을 주장하지만 행하는 경우는 58%에 불과하다.)[4]

시장조사 통계에 따르면, 우리는 매년 수십억(미국에서 40~50억 달러, 유럽에서 약 60억 파운드)을 세탁세제에 지출한다.[5] 죄책감을 유발하는 광고에 넘어가 우리에게는 어느덧 청소 관행이 청결 상태보다 중요해졌다. 우리는 수납장을 세제로 꽉꽉 채우는 데는 열심이지만 그걸 어떻게 사용할지에 대해서는 별로 관심이 없다. 더러운 접시를 북북 닦기만 할 뿐 하루만 사용해도 '새' 수세미에 10억 마리의 박테리아가 우글대는 건 까맣게 모른다. 우리의 청소는 보이지 않는 먼지를 재배치하는 것에 불과할 때가 많다. 더구나 깨끗한 집의 너머에는 더러운 지구가 있다. 집 안을 청소하는 것이 결과적으로 강력 표백제와 세제를 강과 바다에 뿌리고, 물고기를 떼죽음으로 몰고, 해양 생태계를 파괴하고, 수십 년 지속될 오염물질을 야기한다면, 우리 주방과 욕실만 깨끗하게 유지하는 것이 크게 의미가 있을까? 지구가 더러운데 우리 집이 깨끗하면 얼마나 깨끗할까?

너무 걱정하진 말자. 우리가 무지해서 그렇지, 마음은 착하니까. 그리고 이번 장에서 알게 되겠지만 과학도 우리 편이다. 물리학과 화학의 도움을 받으면 우리의 청소 능력을 현저하게 업그레이드할 수 있다.

왜 때가 탈까?

오염이 무엇이든 우리 주변은 오염 천지다. 생물학자 에드워드 O. 윌슨Edward O. Wilson에 따르면 단 1g의 토양에 무려 100억 개의 박테리아가 있다.[6] 박테리아 자체가 우리의 걱정은 아니다. "이 바지 빨아야겠어. 박테리아가 우글우글해!"라고 말하는 사람은 없다. 우리가 신경 쓰는 것은 오염의 '이차적 특징'이다. 오염된 물건의 모습과 냄새, 특히 남들 눈에 어떻게 보일지의 문제다. 그래서 우리는 더러움과 전쟁을 한다. 이것이 두 개의 서로 다른 전선에서 벌어지는 영원히 끝나지 않을 싸움이라는 것도 안다. 옷은 동시에 양방향에서 더러워진다. 바깥쪽에서(예를 들어 케첩이 묻었을 때나 더러운 공원 벤치에 앉았을 때), 그리고 안쪽에서(땀을 비롯한 각종 체액의 분비). 옷 세탁은 대개 이런 '외부'의 때와 '내부'의 분비물을 제거하는 것이다.

왜 옷은 때가 탈까? 우리가 입고, 신고, 걸치는 것들은 우리의 체온 유지를 위해 설계됐기 때문이다. 집을 벽돌로 짓는다면, 옷은 모와 면(천연섬유), 폴리에스테르와 나일론(합성섬유)을 꼬고, 짜고, 떠서 만든 실과 직물로 짓는다. 새끼양의 양털은 약 5,000만 개의 섬유로 이루어져 있다. 따라서 양모 스웨터 한 벌에는 족히 수백만 개의 섬유가 있을 것으로 추산된

다.[7] 우리 스웨터는 원산지가 양의 등이든 유전이든(합성섬유
는 석유로 만든다) 같은 방식으로 작용하고 같은 목적을 수행
한다. 즉 촘촘히 얽힌 섬유들이 공기를 가둬서 우리의 체열을
유지한다. 하지만 수많은 미세 섬유가 너무 빡빡하게 엉켜 있
으면 먼지를 빨아들이는 부작용이 난다. 뭔가가 달라붙을 표
면적이 어마어마하게 늘어나는 데다, 섬유가 워낙 작아서 때
와 땀이 원자 단위로 자연스럽게 달라붙는다.

물은 청소부

지구는 물의 세계다. 그리고 물은 최고의 청소부다. 물 분자
가 비대칭이기 때문이다. 물 분자는 수소원자 두 개가 산소
원자 하나에 붙어서 삼각형을 이루는데 수소 끝은 약한 양전
하를 띠고, 산소 끝은 약한 음전하를 띤다. 물 분자는 이렇게
자석처럼 두 개의 상반된 '극'을 가진 까닭에 극성 분자polar
molecule라고 불린다. 그리고 정말 자석처럼, 때 같은 것에
달라붙어서 때를 있던 곳에서 떼어낸다. 바로 이 점이 물을
끝내주는 청소부로 만든다. 물의 별명이 '만능 용매universal
solvent'일 정도다.[8]

그럼 청소나 세척을 물만으로 해결할 수 있을까? 문제는

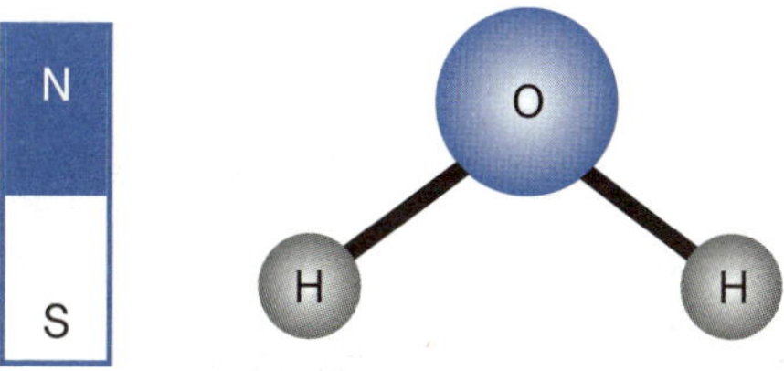

물 분자 물은 수소원자 두 개(H₂)와 산소원자 한 개(O)로 이루어진 극성 분자다. 상대적으로 큰 산소원자는 살짝 음전하를 띠고, 작은 수소원자들은 살짝 양전하를 띤다. 즉 물 분자에는 두 가지 상반된 끝이 있고, 이 때문에 물 분자끼리 그리고 다른 것들에 자석처럼 달라붙는다. (다만 실제 자성이 아니라 정전기를 이용한다.)

물이 사실 만능 용매와 거리가 멀다는 것이다. 물이 모든 것에 달라붙지는 않는다. 즉 모든 종류의 때를 빼주지는 않는다. 첫째, 물 분자는 다른 것들보다 자기들끼리 더 잘 달라붙는다. 이것이 물이 방울지고, 유리창에 줄무늬를 만들고, 연못 수면에 소금쟁이가 떠 있을 막을 형성하는 이유다. 물이 뭔가를 제대로 적시려면 물의 이 표면장력surface tension부터 깨져야 한다. 일반적으로 극성 분자는 다른 극성 분자에게 달라붙어 그것을 있던 곳에서 떼어낸다. 이 말은 물이 소금(역시 극성 분자) 같은 물질을 쉽게 용해한다는 뜻이다. 하지만 껌, 접착제, 잉크, 또는 극성 분자를 끌어당길 음극과 양극이 없는 (탄소기반) 유기화학물질로 이루어진 옷 얼룩에는 통하지 않는다.

이때 등장하는 것이 비누와 세제다. 비누도 세제지만 둘은 약간 다른 뜻을 갖는다. 비누는 나트륨과 칼륨 화합물로 만들어진 천연세제인 반면, 세제는 대개 석유화학 물질들을 복잡하게 섞어 만든 인공 합성 화합물이다. 비누는 연수(soft water, 칼슘이온이나 마그네슘이온을 적게 함유하는 강물, 빗물, 수돗물 등)에서는 잘 작용하지만 경수hard water에서는 방해되고 불쾌한 거품을 만들어 오히려 빨래를 망친다. 합성세제에는 이런 문제가 없다. 하지만 세제에도 나름의 문제가 있다. 예를 들어 강에 유입되면 수면에 거품을 형성해서 물의 산소 함량을 줄여 수중생물과 해양생물의 숨을 틀어막는다. 지금부터 비누와 세제를 모두 그냥 '세제'로 통칭한다.

빨래의 원리

관건은 세제와 물의 팀워크다. 둘 중 어느 것도 혼자서는 우리의 양말을 온전히 깨끗하게 하지 못한다. 세탁기를 돌리면 세제 서랍에서 물이 흘러나와 액상세제나 가루세제를 옷으로 내려보낸다. 세제가 가장 먼저 하는 일은 물의 표면장력을 줄여 물이 옷에 빠르게 침투하고 섬유에 쉽게 들러붙게 하는 것이다. 한편 물은 세제를 대폭 희석시켜 세탁물의 구석구석, 섬유 하나하나가 세제로 충분히 덮일 수 있게 한다. 물 분자가 때 성분에 달라붙어 옷에서 때를 벗겨낼 때, 세제는 그 과정을 촉진한다. 세제 분자들이 때 덩어리를 포위한다. 옷은 세탁조(우리가 흔히 드럼이라고 부르는) 안에서 이리저리 굴러다니며 반복적으로 얻어맞고 팽개쳐진다. 이 충격이 때를 더 작은 조각으로 쪼개 세제 분자들이 둘러싸 떼어내는 일을 쉽게 만든다. 세탁 코스의 목적은 이처럼 세제의 때에 대한 접근성을 최대화하는 것이다.

헹굼 코스에서는 더 많은 물이 세탁조로 쏟아져 들어온다. 새로 유입된 물 분자들이 때를 포위한 세제 분자들에 달라붙어 그것들을 옷 섬유에서 떼어낸다. 옷과 분리된 때와 세제 분자들은 세탁조에서 물이 빠져나갈 때 함께 배출된다. 지금 세탁 과정을 분자 수준에서 말하고 있다는 것을 기억하자. 미세한 때 조각들이 세제 분자 패거리에 둘러싸인다. 때의 일부는 옷 섬유 속 깊숙이 갇혀 있을 수도 있다. 그렇기 때문에 세제와 세제가 품은 때를 온전히 제거하려면 여러 번 헹궈야 한다.

이 같은 습식세탁, 즉 '웨트클리닝wet cleaning'은 일상복 세탁에는 매우 효과적이지만, 두 가지 중요한 문제가 있다. 일단 물은 직물섬유를 부풀게 하기 때문에 모든 것에 적합하지 않다. 면양말이나 물빨래용 혼방 셔츠는 세탁기로 빨아도 무방하지만 두꺼운 울 스웨터, 특히 정교하게 뜬 털실 스웨터를 손세탁할 때는 조심해야 한다. 값비싼 벽걸이용 태피스트리 등을 세탁할 때는 문제가 더 커진다. 매우 조심하지 않으면 직물에 따라 영구 변형이 일어나 세탁 후에 섬유가 원래대로 돌아오지 않을 수 있다. 그래서 예민한 직물에는 일반적으로 건식세탁, 즉 '드라이클리닝'이 필요하다. 드라이클리닝은 물 대신 친유성 용제를 써서 섬유의 변형과 손상을 줄이는 세탁법이다. ('드라이'클리닝도 물을 쓰지 않을 뿐이지 옷을 적시기는 한다.) 습식세탁의 또 다른 문제는 세탁이 끝나면 물이 뚝뚝 떨어지는 무거운 빨래 더미가 남는다는 것이다. 빨래는 말리기 전까지는 옷이 아니다.

비누와 물의 작용 방식 비누와 물은 환상의 궁합을 자랑하는 화학세척 팀이다. 비누 또는 세제(파란색 방울들)가 더러운 얼룩(줄무늬)을 포위하고 달라붙어 작은 조각들로 부순다. 그러면 물이 세제에 달라붙어 세제와 때를 벗겨낸다.

때와의 줄다리기

세척은 대개 화학이다. 비누와 세제가 때를 둘러싸고 물이 그것을 씻어내는 과정이다. 그런데 세제 대신 극세사microfiber 천을 이용할 때는 세척이 다른 방식으로 이루어진다. 이때는 물리다. 즉 힘을 동원한다.

일반 세척용 천은 세제를 도포하고 닦아내는 용도다. 다른 소용은 없다. 하지만 이름에서 알 수 있듯 극세사 천은 기존 세척용 천보다 10~20배 얇은 섬유로 이루어져 있다. 양질의 극세사 섬유는 사람 머리카락 굵기의 100분의 1 정도로 가늘다(지름이 약 100만분의 1m).

그럼, 극세사 섬유는 어떻게 오염을 없앨까? 극세사 섬유는 도마뱀붙이가 발가락의 무수한 '돌기'를 이용해 벽이나 천장에 붙어 있는 것과 같은 방식으로 때 성분에 달라붙는다. 수많은 섬유가 오염 성분에 닿으면 원자 규모의 정전기 인력이 발생해 때를 있던 데서 분리한다. 세제도 물도 필요 없다. 털 같은 섬유들이 수많은 미세 자석처럼 때를 뜯어낸다.

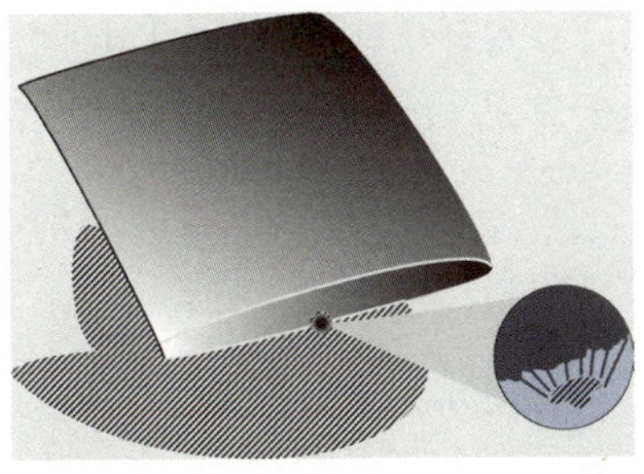

극세사 천으로 때 빼기 현미경급의 미세한 섬유들이 오염 입자 각각에 달라붙어 순전히 힘으로 뜯어낸다. 물도 별로 필요 없고 세제는 전혀 필요 없다.

극세사 천을 세제와 함께 사용하면 오히려 섬유가 뭉쳐서 세척력이 떨어진다. 마찬가지로 때도 극세사 섬유를 뭉치게 하므로 천을 정기적으로 삶은 후 깨끗한 물로 헹구는 게 필수다.

건조의 과학

세탁물을 말리기란 지겹고 번거롭다. 해가 쨍쨍한 여름날에도, 빨래를 널 널찍한 마당이 있어도 마찬가지다. 하지만 배후의 과학을 알면 일이 수월해질 수 있다.

젖은 빨래에는 물이 얼마나 많을까?

먼저 알아야 할 것은 빨래의 규모다. 세제 서랍이 달린 세탁기의 경우 세탁 한번에 물이 얼마나 드는지 직접 알아볼 수 있다. 세탁기에 물 공급이 완료될 때까지 물병으로 서랍에 계속 물을 부으면서 물이 얼마나 들어갔는지 세기만 하면 된다. 우리 집 세탁기의 경우 내가 습관적으로 사용하는 '하프 로드half load' 설정에서 세탁에 6~8l가 들어가고, 끝에 약 4l가 추가로 투입된다. 이어서 헹굼 한번에 세탁만큼(6~8l)의 물이 다시 들어간다. 탈수 전까지 이런 헹굼 과정이 서너 차례 반복된다. 이런 식이면 세탁기 용량만큼 빨래를 채워서 돌리는 경우 최대 50ℓ의 물이 투입된다. 이는 우리가 한 달간 마시는 물의 양에 육박한다. 여기에 매주, 매달, 매년 세탁기를 돌리는 횟수를 곱하면 놀랄 만한 물 소비량이 나온다. 일주일에 두 번씩 '풀 로드full load'로 세탁기를 돌린다고 가정할 때, 매년 집집마다 수천 리터의 물을, 거리마다 올림픽 규격 수영장을 채울 물을 세탁에 소비하는 셈이다.[9]

물론 세탁기에 들어갔던 물의 대부분은 곧바로 다시 나온다. 세탁기는 보기보다 빨라서 보통 크기 세탁조의 경우 약 1,000rpm으로 회전한다. 시속 약 85km에 해당하는 엄청난 속도다. 세탁기가 다용도실을 탈출해 (이론적으로) 이 속도로 거리를 질주한다고 상상해보라.[10] 세탁기를 뜯어보면 콘크리트 덩어리 같은 것이 신중히 들어앉아 있다. 세탁기가 집을 뛰쳐나가는 불상사를 막기 위해서가 아니라 고속 회전 시 전기모터의 균형을 잡기 위해서다. 고속 회전은 젖은 옷에서 물기를 제거하는 데 효과적이다. 하지만 완벽하지는 않다. 바퀴의 과학을 생각해보자. 세탁조에 빨랫감이 많지 않고 옷가지들이 모두 가장자리에 흩어져 있다면 모를까, 안쪽에 위치한 옷들은 세탁조가 회전할 때 더 짧은 거리를 더 느리게 돌기 때문에 바깥쪽 옷들만큼 탈수가 되지 않는다.

세탁기에 넣기 전후에 세탁물의 무게를 재보면 들어갈 때보다 2kg 정도 더 무거워져서 나온다. 약 2ℓ의 물이 탈수되지 않고 여전히 옷 안에 배어 있다는 뜻이다.[11] 더 오래 돌리면 어떨까? 효과는 매번 다르다. 울처럼 푹신한 천연섬유는 나일론처럼 얇은 합성섬유보다 물을 많이 먹는다. 우산은 한번 털거나 빙글 돌려서 물기를 없앨 수 있지만 털 스웨터는 그렇게 할 수 없다. 세탁기에 세탁물을 무겁게 많이 넣을수록 최고 속도로 돌리기 어려워지고 따라서 물기도 덜 날아간다. 옷이 서로 뭉쳐 있거나 세탁조에 모여 있을 때도 세탁기의 전기 모터가 빠르게 회전하기 어렵고, 결과적으로 빨래가 더 축축하게 나온다. (그래서 대개의 세탁기는 탈수에 들어가기 전 헹굼이 끝난 빨래를 앞뒤로 몇 번 흔든다. 느슨하게 풀어헤쳐 놓기 위해서다.)

젖은 빨래를 과학 문제로 보자. 우리가 할 일은 엉켜 있는 섬유 더미에서 $2l$의 물을 분리해내는 것이다. 그걸 할 수 있는 방법은 두 가지밖에 없다.

힘으로 말리기

한 가지 방법은 힘을 가해 물이 스스로 직물에서 빠져나오게 하는 것으로, 원심력을 이용해 세탁물에서 물을 분리하는 원심탈수spin-dry가 있다. 세탁조가 회전하면 젖은 빨래가 원운동을 하면서 관성 때문에 세탁조 벽에 붙고, 빨래의 물기는 세탁조에 뚫린 구멍으로 빠져나가 세탁기 밖의 배수구로 직선 발사된다.[12] 자연건조drip-dry도 크게 다르지 않다. 빨래는 줄에 매달려 있지만 빨래 속 물 분자들을 받쳐줄 것은 아무것도 없다. 물 분자들은 섬유를 타고 줄줄 미끄러져 옷자락 끝에 방울방울 맺혀 있다가 땅으로 뚝뚝 떨어진다. 이런 자연건조는 중력을 이용해 물과 옷을 분리해낸다.

증발로 말리기

대부분은 물을 증발하는 방법으로 옷을 말린다. 다시 말해 액체 상태의 물을 수증기로 바꾼다. 옷을 밖에 널어 말리거나, 회전식 건조기에 넣거나, 건조대에 널거나, 라디에이터에 걸쳐놓는 것이 다 이 방법에 속한다. 물건을 건조시킬 때 일반적으로 열을 사용하기 때문에 건조에는 열이 필수라고 생각하기 쉽지만, 결코 그렇지 않다. 젖은 셔츠를 널어 말리면 섬유에 갇힌 수분이 (모세관 작용에 의해) 표면으로 '기어올라' 증발해 사라진다. 물이 수증기로 변할 때 무조건 열이 필요한 건 아니다.

우리는 물이 고체, 액체, 기체로 모습을 바꾸는 것을 대개 온도 변화와 연관지어 생각한다. 추워서 물이 얼면 얼음이 되고, 물이 열을 받아 끓으면 수증기가 된다는 식으로. 하지만 물이 기화하는 데 항상 온도 변화가 개입하지는 않는다. 접시에 담아 밖에 내놓은 물은 날이 덥든 말든 조만간 증발해서 없어진다. 이것이 추운 날에도 젖은 옷에서 물기를 제거할 수 있는 이유다. 다만 더 오래 걸리고, 약간 다른 과정으로 일어난다. 냄비에 물을 끓여 증기를 만들 때 우리는 꾸준한 열에너지 공급으로 물 분자들의 활동성을 키워 그것들이 액체 상태에서 벗어나 증기가 되게 한다. 이때는 열이 증발의 동력이다. 이와 달리 추운 데서 옷을 말릴 때는 지나가는 공기에 의지한다. 공기가 불어서 물 분자들을 자유롭게 풀어준다. 따라서 이때는 꾸준히 부는 건조한 바람이 마법의 요소다.

여기서 '건조'가 중요한 단어다. 빨래에서 물기가 얼마나 빨리 없어질지(또는 없어지기는 할지)에 영향을 미치는 또 다른 요인이 바로 습기(주변 공기에 이미 잠복해 있는 수증기의 양)이기 때문이다. 열대우림 한가운데 사는 사람은 빨래를 밖에 널어봤자 아무 소용없다. 같은 이치로 덥고 습한 날에는 공기가 건조한 날보다 빨래가 마르는 데 오래 걸린다. 물이 젖은 빨래를 떠나 젖은 대기로 들어갈 가능성은 낮다. 습도가 낮으면 아무리 추운 날이라도 빨래가 밖에서 잘 마른다. 내가 사는 곳에서는 한랭건조한 동풍이 바다에서 내륙으로 세게 불어서 역설적이게도 습도가 낮은 날이 많다. 그런 날에는 한겨울에도 빨래를 밖에 몇 시간 걸어놓으면 거의 다(4분의 3 정도) 마른다. 빨래 건조에는 습도가 온도보다 훨씬 결정적이다.[13]

빨래의 미래

세탁과 건조에는 시간과 에너지가 엄청나게 든다. '물빨래'가 효과적이기는 한데 세척과 건조의 전체 과정을 고려하면 엄청 비효율적이다. 옷을 물 없이 빨 수 있다면 좋지 않을까? 그게 가능할까? 가능하지 말란 법도 없다. 20세기 중반 합성섬유의 발명이 빨래의 번거로움을 대폭 줄였고, 합성섬유는 앞으로도 어떻게 얼마나 더 발전할지 알 수 없다.

물론 아무리 사용이 편하고 금방 말라도 나일론 옷만 입고 싶은 사람은 없다. 하지만 첨단기술이 옷을 개선하는 데도 여러모로 쓰인다. 이미 나노기술을 이용해 직물에 때와 얼룩을 방지하는 방오가공防汚加工 코팅을 한다. 방오가공이 된 옷도 세탁을 해야 하지만 때가 덜 탄다. 빨리 마르는 옷은 불가능할까? 정말 순식간에 마르는 옷? 아니면 드라이샴푸로 머리를 물에 적시지 않고 감듯 세제가루를 뿌려서 문지르고 털어내는 방법으로 때를 제거하는 옷이 나온다면? 최근 제로스Xeros라는 영국 기업에서 플라스틱 미립자들로 옷을 두들겨 오염을 제거하는 방법으로 세탁에 소비되는 물을 72%, 에너지를 47%, 세제를 50%를 줄이는 세탁기를 개발했다.[14] 미래의 빨래를 엿볼 수 있는 일종의 스마트 기술이다.

세제가 하는 일

화학과 요리는 공통점이 많다. 다만 레시피가 군침을 돌게 하는 반면 세제의 화학성분표는 머리를 긁적이게 한다. 이온성과 비이온성 계면활성제, 빌더, 효소, 형광증백제, 용해제, 표백제, 염료, 향료 등등. 이것들이 하는 일은 무엇이고, 왜 필요할까?

세제의 주성분인 계면활성제surfactants 또는 표면활성제surface active agents는 때에 달라붙어 때를 옷에서 분리하는 일을 한다. 계면활성제는 종류가 엄청 많고, 보통은 세제 한 병에 여러 계면활성제가 들어간다. 빌더(builders, 세정보조제)는 다양한 일을 한다. 빌더에 들어 있는 제올라이트 촉매는 경수를 연수로 만들어서(경수에서 '센' 칼슘이온을 훔치고 '연한' 나트륨이온으로 대체해서) 계면활성제의 작업을 용이하게 만들어준다. 효소는 물과 세제가 세 가지 천연 '때'를 공격하는 것을 돕는 화학적 가속기다. 세제에 거의 빠지지 않고 들어가는 세 가지 효소가 있다. 단백질 얼룩을 노리는 프로테아제, 지방과 기름기를 공격하는 리파아제, 녹말을 분해하는 아밀라아제다. 이제 세제의 주요 성분 중에서 표백제와 형광증백제optical brighteners만 남았다. 표백제는 당연히 표백을 한다. 형광증백제는 푸르스름한 형광을 내서 '하얀 빨래를 더욱 하얗게' 보이게 하는 교활한 '마케팅 화학물질'이다. 형광등 내벽의 백색 인광 코팅과 마찬가지로 형광증백제도 햇빛의 자외선을 가시광선으로 변환한다. 그래서 흰색 셔츠가 실제로 받는 가시광선보다 더 많은 가시광선을 반사하는 결과를 만든다.

그 밖의 성분은? 요즘의 세제들은 초고농축이라서 물을 거의 함유하지 않기 때문에 이들 화학성분이 한데 섞여 안정적인 액체 형태를 유지하는 데 애를 먹는다. 그래서 한두 가지 용해제를 첨가해야 성분들이 제대로 섞이고 용기 안에서 굳거나 분리되지 않는다. 마지막으로 염료와 향료는 세척에는 기여하지 않지만 나름 필수 성분이다. 우리에게 빨래가 실제와 달리 매력적인 일이라는 거짓 환상을 심기 때문이다. 염료는 도배 풀을 떠올리는 찐득하고 흉물스런 화학물질을 하늘색이나 연보라색 같은 덜 생경한 색으로 바꾸고, 향료는 세탁기를 여는 순간 우리 코를 향기로 채워서 일을 제대로 해냈다는 쾌감을 준다.

세제가 옷은 깨끗하게 빨아주지만 지구에는 별로 도움이 되지 않는다. 도움은커녕 세탁세제의 거의 모든 성분에 환경파괴물질이 있다. 이는 검증된 사실이다. 계면활성제는 수생생물에게 직접적 독이 되고,[15] (빌더로 이용되는) 인산염은 담수의 산소 수준을 감소해 생물을 질식시키고, 용해제는 인간과 수생생물 모두에게 유해하다. 또한 세제는 내분비 교란물

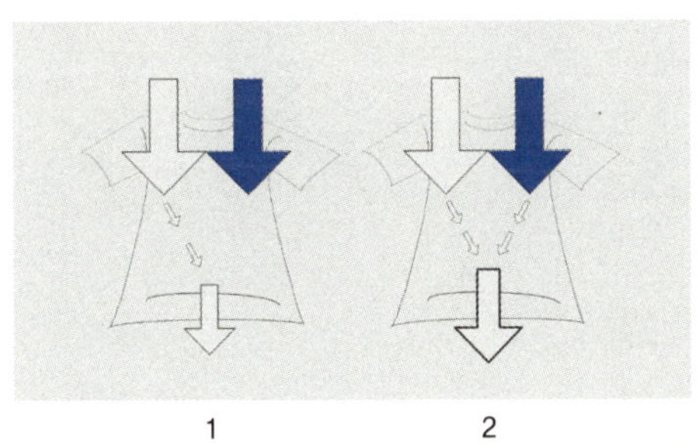

세탁세제의 형광증백제 작용 햇빛에는 가시광선(흰 화살표)과 우리 눈에 보이지 않는 자외선(파란 화살표)이 섞여 있다. 1. 흰색 티셔츠를 햇빛에 놓으면 티셔츠가 가시광선의 일부는 반사하고 자외선은 흡수한다. 2. 티셔츠를 형광증백제가 함유된 세제로 세탁하면 직물 표면에 인광성 화학물질의 흔적이 남는다. (형광등 내벽에 유백색 인광 코팅을 하는 것과 비슷하다.) 이 물질은 자외선을 흡수해서 가시광선으로 변환시킨다. 따라서 이런 세제로 세탁한 셔츠는 세탁 전보다 빛을 더 많이 반사해 결과적으로 더 밝아 보인다.

질, 다시 말해 강에 서식하는 물고기의 최대 80%의 성별을 바꿀 수 있는 '성전환' 화학물질이다.[16] 수생생물은 곤충, 조류, 인간을 포함하는 거대 생태계의 일부라는 것을 생각하면 강과 바다가 오염될 경우 문제가 거기서 그치지 않을 게 분명하다. 우리가 물에 푼 독은 조만간 우리에게 다시 돌아오게 돼 있다.

그렇다면 해법은? 용기의 성분표를 보는 것을 생활화하자. 화학에 대해 생각하자. 되도록 가장 순하고 환경친화적인 세제를 골라 쓰는 습관이 필요하다.

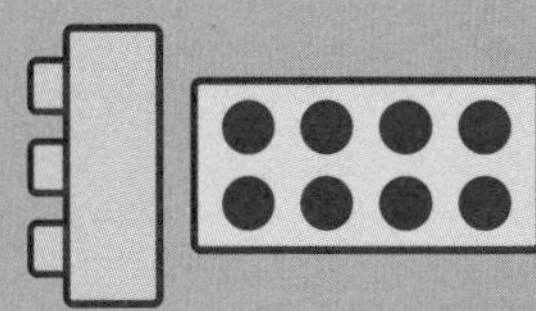

7장

스웨터는 왜 따뜻할까?

#발열 #통기성

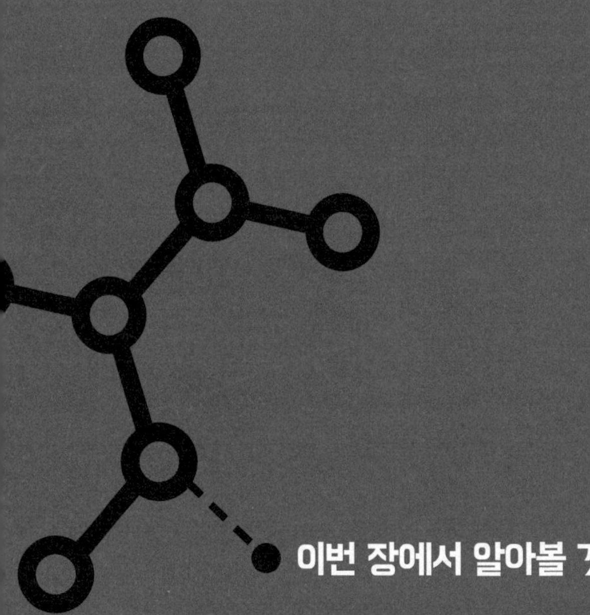

이번 장에서 알아볼 것

* 스웨터가 스스로 열을 내는 원리
* 도르래와 찢어진 청바지의 관계
* 눈비는 막고 땀은 배출하는 기술
* 옷에 난 작은 구멍이 금세 커지는 이유

옷은 입고 돌아다니는 집이다. 더 다채롭고 더 저렴할 뿐 집과 거의 같은 역할을 한다. 건물처럼 우리가 입는 옷도 우리를 아늑하고 건조한 상태로 유지해준다. 그것도 꽤 놀라운 방법으로. 옷은 인간의 시간이 시작된 이래 자연을 모사해왔다. 최근에는 섬유과학자들이 생체모방공학bio-mimetic engineering을 이용해 동식물을 보다 직접적으로 베끼기에 이르렀다. 상어 비늘을 본떠 유체저항을 줄인 선수용 수영복과 솔방울처럼 여닫히는 통기성 우비 등이 대표적이다. 하지만 이는 의류가 향하는 여러 흥미로운 방향 중 하나일 뿐이다. 미래에는 '웨어러블wearable' 전자기기와 의료기술이 의류와 융합될 가능성도 높다. 스위치로 색을 바꾸는 파티 드레스, 햇빛을 받아 전기를 생산하는 티셔츠, 가속도계가 내장돼 착용자가 낙상하면 이를 감지해 자동으로 구급차를 부르는 카디건 등도 멀지 않다.

건물에는 수십 개의 첨단 재료가 집결하는 반면, 직물의 경우는 대개 한두 가지만 쓰인다. 하지만 사실 건축과 직물의 재료는 놀랍도록 닮아 있다. 스웨터의 양모는 유르트(yurt, 몽골 유목민의 천막집)의 방수와 단열에 쓰는 압축 양모와 크게 다르지 않다. 규모를 키워보자. 런던의 다목적 실내 경기장 O_2 아레나The O_2 arena는 사실 테플론(코트와 부츠에도 들어가는 미끄러운 플라스틱)으로 만든 우산 모양의 초대형 텐트다. 현대식 오피스빌딩에 강철 대들보가 숨어서 유리창을 떠받듯, 오피스 카펫에는 스테인리스강 섬유가 내장돼 정전기쇼크를 줄인다.[1] 플라스틱은 어디에나 있다. 신발 밑창(폴리우레탄)과 보드쇼츠 수영복(나일론)부터 창틀(PVC)과 온실유리(퍼스펙스)까지 없는 데가 없다. 그래서 요점은? 집이나 옷이나 결국은 비슷한 과학에 기대는 점에서 비슷한 것들이다.

보온의 원리

우리에게 의복은 공기를 섬유 속에, 옷과 옷 사이에 가둬서 단열하는 일종의 방열 울타리다. 특히 울은 환상적인 단열재다. 울은 대개의 건축자재보다도 방열 성능이 높다. 하지만 여러분이 몽골에 살지 않는 한, 주택용 단열재는 양의 등에서

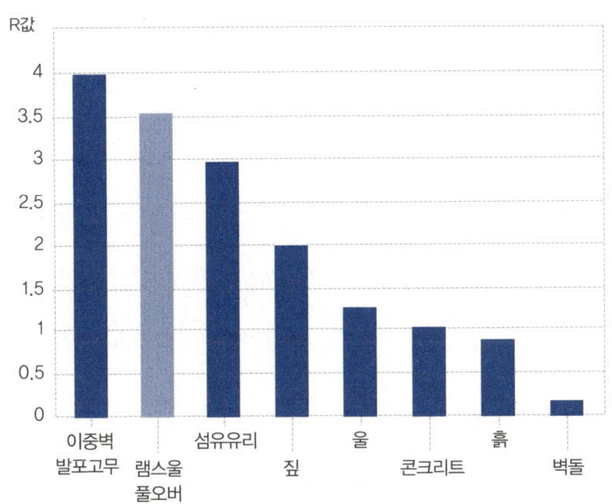

단열재로서의 양모 양모는 지구상에서 가장 뛰어난 단열재 중 하나로, 거의 모든 전통적 건축자재보다 우수하다. 그래프는 단열재별 1인치(약 2.5cm)당 평균 R값(R-value, 단열성능치)을 나타낸다.

깎은 양털이 아니라 저렴한 광물성 합성 암면stone wool일 가능성이 높다.

과학은 우리를 따뜻하게 한다. 하지만 애초에 우리를 춥게 하는 것도 과학이다. 우리의 체내 심부온도는 포근한 37°C이지만 추운 나라의 대기온도는 이의 반에도 못 미치기 때문에 우리의 체내 열 엔진이 불리한 조건에서 늘 칙칙폭폭 돌아가야 한다. 설상가상으로, 인접한 두 물체 사이의 온도차가 클수록 따뜻한 것에서 차가운 것으로 향하는 열 흐름이 커지기 때문에 추운 날에는 따뜻한 날보다 체열을 더 빨리 잃는다.[2]

이론의 여지가 없는 사실이다. 열역학법칙은 우리 몸을 식게 한다. 그래서 결과적으로 우리에게 체온 유지를 위해 끝없이 먹어야 하는 삶을 부여했다.

우리는 어떤 경로로 열을 잃을까? 몸의 심부에서 피부조직과 옷까지는 직접 전도로, 피부에서는 증발로, 옷의 표면에서는 대류와 복사로 열을 잃는다. 운동할 때는 체열의 약 절반이 땀의 증발로 잃고, 10%는 복사로 날아가고, 3분의 1 조금 넘게는 전도와 대류로 사라진다.[3] 하지만 모든 것은 날씨에 달려 있다. 쌀쌀하고 바람 부는 날, 또는 달리거나 자전거를 탈 때 차가운 공기가 계속 몸을 스치고 지나가면서 대류 작용으로 체열을 절반까지 빼앗아가기 때문에 바람막이용 겉옷을 입는 게 최선의 방어다. 여러 겹을 입더라도 가장 바깥에는 방풍복을 입어야 대류에 의한 열 손실을 줄일 수 있다. (창문을 열고 잘 때는 담요가 윈드브레이커 역할을 해서 열이 빠져나가는 속도뿐 아니라 담요에서 외풍으로 가는 대류도 줄여준다.) 반대로 덥고 습한 날에는 주변 공기가 이미 포화상태여서 증발로 열을 잃을 가능성이 적기 때문에 시원함을 유지하려면 부채질을 해서 일부러 대류를 일으켜야 한다. 춥고 건조하고 바람이 없는 날에는 복사가 체열 손실의 주범이다. 따라서 옷을 겹겹이 입는 것이 몸의 심부에서 옷의 겉면으로 열전도가 일어나 열이 밖으로 복사되는 것을 줄이는 최선의 전략이다.

울은 왜 따뜻할까?

차갑게 얼어붙은 아침이면 나도 모르게 따뜻한 풀오버에 손이 간다. 그런데 따뜻한 풀오버란 정확히 어떤 풀오버일까? 양모 중에서도 보온 효과가 좋기로 유명한 메리노울로 만든 풀오버? 울은 놀라울 정도로 땀(특히 수증기)을 잘 흡수한다. 사실 울이 천연섬유 가운데 흡습성이 가장 좋다. 특히 메리노울은 스포츠 의류의 '베이스레이어base layer', 흔한 말로 방한용 내의로 주로 사용된다. 메리노울은 섬유가 매우 가늘고 섬유 수도 월등히 많아서 다른 울보다 열을 많이 낸다.

울은 물을 만나면 발열하는 성질이 있다. 울은 대략 세 가지 방법으로 땀을 열로 변환한다. 우선, 물 분자는 극성이 있어서 주변 것들에 자석처럼 달라붙는다는 것을 기억하자. 물 분자의 수소 끝들이 울의 피질(섬유 내부의 세포구조)에 끼어들어 수소결합을 하면서 물 분자들이 자연스럽게 울 섬유 내부에 달라붙게 된다. 이렇게 분자들이 서로 결합해 전보다 안정되면서 에너지를 발산한다. 이것이 우리 몸을 따뜻하게 해주는 울 특유의 훈훈함의 정체다.[4]

울의 두 번째 발열 효과는 사실 발열보다는 냉각 차단에 가깝다. 수분이 피부에서 멀찍이 울 섬유 내부에 잠겨 있는 덕분이다. 합성 폴리에스테르나 나일론과 달리 울은 축축해지지 않는다. 땀을 흘리는 것 자체가 몸의 냉각 메커니즘이다.

땀이 나서 피부가 젖으면 수분이 증발하면서 좋든 싫든 몸이 식는다. 그런데 울이 땀을 흡수한 덕분에 땀이 피부 표면에 거의 또는 전혀 남지 않고, 따라서 증발이 일어나지도 몸이 극적으로 식지도 않는다.

울의 세 번째 발열 효과는 땀이 흡습성 울 섬유 안에서 응축하는 현상에 기인한다. 기화하던 땀이 다시 액화하면서 잡혀 있던 잠재 열에너지를 발산한다. 그 에너지는 어디서 왔을까? 얼음을 물로 만들거나 물을 끓여 증기로 만들 때 온도가 직선 그래프처럼 깔끔하고 꾸준하게 올라가지 않는다. 대신 완만히 상승하다가 물이 얼음에서 액체로, 액체에서 증기로 상태를 바꾸면서 한동안 온도 변화를 보이지 않고 정체된다. 물의 상태가 변할 때 흡수되는 에너지를 잠열latent heat이라고 하며, 이 에너지는 물의 내부 분자구조를 고체에서 액체로(0°C), 액체에서 기체로(100°C) 느슨하게 재배치하는 데 쓰인다. 물이 식어서 다시 기체에서 액체로, 액체에서 얼음이 될 때 이 잠열이 다시 회수된다.

이 세 가지 발열 효과가 울을 입으면 땀이 나도 몸이 식지 않는 이유를 종합적으로 설명한다. 이 간단한 과학을 알면 모직 겉옷과 메리노울 내의의 활용도를 최대화할 수 있다. 춥고 습한 날 밖에 나가야 한다고 치자. 자연스럽게 모직 옷에 손이 간다. 완전히 말라 있는 모직 옷은 바깥 공기와 몸에서 열심히 수분을 흡수해서 그만큼 더 많은 열을 발산한다. 따라서 어제 입었던 스웨터를 다시 입을 때는 먼저 라디에이터에 걸쳐두자. 옷을 덥히기 위해서가 아니다. 축축한 공기 속으로 나가기 전에 옷을 완전히 건조시키기 위해서.

놀라운 울의 정체

상점에서 옷을 입어볼 때나 스마트폰으로 의류 카탈로그를 넘길 때 과학을 생각하는 사람은 없다. 치수, 스타일, 색상 등을 볼 뿐이다. 울은 따뜻한 직물이지만 직물이기 전에 물리법칙의 지배를 받는 재료다. 다른 재료처럼 연구와 측정의 대상이란 뜻이다. 그럼 울은 플라스틱이나 스테인리스강 같은 것들과 비교해 어떤 물질일까?

울은 케라틴keratin이라는 (머리카락과 피부 등 상피조직의 주성분이기도 한) 단백질 섬유로 이루어져 있고, 길이는 양의 품종에 따라 3cm에서 40cm까지 지극히 다양하다. 울 섬유 자체도 신축성 있는 미세 섬유들로 이루어져 있다. 울 섬유 겉면은 세 겹 각피cuticle가 물고기 비늘처럼 덮고 있어서 확대해서 보면 개미핥기의 등처럼 생겼다. 울에 압력을 가하면 이 비늘들이 섬유와 섬유를 자물쇠처럼 연결한다. 이렇게 양모를 압축해서 만든 게 펠트다. 피질이라고 부르는 울 섬유의 내부는 거대원섬유들macrofibrils로 이루어져 있고, 거대원섬유는 더 작은 미소원섬유들microfibrils로, 미소원섬유는 더 작은 원시섬유들protofibrils로, 원시섬유는 스프링 같은 나선구조의 단백질 분자들(케라틴)로 이루어져 있다.

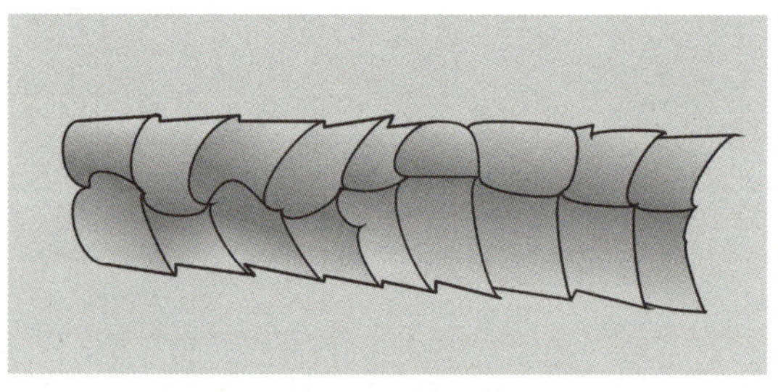

울 섬유의 구조 울 섬유의 겉면을 '비늘'처럼 덮은 각피는 잇달아 포개져 있는 지붕의 기와처럼 대부분의 물을 그냥 흘려버린다. 하지만 각피가 약간 다공성이라서 울도 물을 흡수하기는 한다.

이처럼 울은, 인형 안에서 인형이 계속 나오는 러시아 장식품 마트료시카처럼, 작은 섬유 다발이 더 굵은 섬유를 이루고 그 섬유의 다발이 다시 더 굵은 섬유를 이루는 다중 구조를 가진다. 이것이 마른 모직물이 잘 늘어나는 이유다. 꼬인 섬유를 당기면 원래 길이의 두 배로 늘어나고 뭉치면 절반으로 줄어든다. 끊어지기 전까지 원래 길이의 몇 배로 늘어나는 고무줄에 비할 바는 아니지만 그래도 신축성이 상당하다. 울이 약한 소재로 느껴지는 이유는 울 하면 따뜻함부터 연상되기 때문이다. 맨손으로 털실을 끊어본 적이 있는가? 울의 굴복강도(yield strength, 물체에 영구 변형이 일어나기 전까지 물체가 인장력을 버티는 정도)는 스테인리스강의 약 10%에 해당한다.[5] 울이 일상의 마모에 내성이 있는 이유, 즉 쉽게 낡지 않는 이유는 울이 의외로 이렇게 신축성과 강도가 높아서다.

울에는 흡습성이 있다. 수분이 울의 피질을 통과해 침투하면 내부의 섬유들이 미세 스펀지처럼 부푼다. 울은 물을 일반적으로 15~25% 흡수하고, 더 많이 흡수할 때도 있다. 젖은 울, 특히 뜨겁고 젖은 울은 탄성 재료보다는 소성재료(즉 고무보다는 플라스틱)에 가깝다. 풀오버를 따뜻한 물에 빨면 크기가 10% 정도 늘어나고, 원래 모양으로 돌아오지 않는다. 알다시피 모직물은 끓는 물에 빨면 안 된다. 울 섬유는 온도가 올라갈수록 플라스틱처럼 변해 불가역적으로 변형된다. 이것이 갓 세탁한 풀오버를 평평하게 눕혀서 말려야 하는 이유다. 열 자체가 울에 손상을 주는 건 아니다. 울은 열을 받으면 메마르면서 섬유가 삭기 시작하고 거기서 온도가 더 올라가면 머리털처럼 까맣게 그슬린다. 울은 불씨만 제거하면 절대 타지 않는다. 불을 제거해도 계속 타는 면이나 아마포 같은 식물성 섬유, 또는 위험하게 활활 타는 나일론 같은 합성섬유와 달리, 울은 천연 내화성 물질이다.

바람이 통하는 방수복

웨트수트(wetsuit, 서퍼와 다이버들이 입는 고무 재질의 수영복)는 몸을 물기에서 막아주지 못한다. 웨트수트를 입고 빗속을 걷기만 해도 몸이 젖는다. 보슬비도 네오프렌 고무를 비집고 들어오지만 수트 안은 놀랄 만큼 훈훈해서 땀이 날 정도다. 동절기용 웨트수트가 괜히 '찜통steamer'이라고 불리는 게 아니다. 물기를 막는 데는 오히려 모직 풀오버가 나을 정도다. 적어도 가랑비나 보슬비에서는. 울은 소량의 라놀린(lanolin, 양모에 있는 황백색의 지방)을 함유하고, 표면을 비늘처럼 덮은 각피가 빗방울을 바로 떨어뜨리기 때문에 부분적이나마 내수

성이 있다. 원래 뱃사람들이 입었던 건지스웨터Guernsey처럼
쫀쫀하게 짠 편물은 가랑비쯤은 거뜬히 막아준다.

물론 비가 억수같이 쏟아질 때는 울이 아무 소용없다. 그럴
때는 제대로 된 방수복이 필요하다. 방수복은 대개 나일론 같
은 합성섬유(기본적으로 플라스틱 섬유)로 만든다. 섬유가 현미
경 수준으로 미세하고 서로 단단히 결합돼 있어서 물이 스며
들지 못한다. 울 섬유와 달리 합성섬유는 그 자체로 흡습성이
없다. 합성섬유 직물은 물에 젖기보다 물이 표면에 방울방울
맺히기 때문에 물기를 털어버리기 쉽고, 실제로 표면이 마른
상태로 유지된다. 하지만 우리는 겉은 100% 방수지만 안은
땀범벅을 만드는 나일론 옷을 매우 불쾌하게 여긴다. 1970년
대 중반에서 80년대 중반까지는 이런 저렴한 방수 의류가 인
기를 끌었지만 지금은 대부분 고어텍스Gore-Tex 같은 소재
로 만든 '통기성' 방수복으로 대체됐다. 통기성과 방수성은
모순처럼 들린다. 사실 모순이 맞다. 또한 과학적 어불성설
같다. 어떻게 천이 밖에서 물이 스미는 건 막으면서 내부의
땀은 밖으로 내보낸단 말인가?

모든 것은 비의 물방울과 땀이 기화한 증기의 과학적 차이
로 설명된다. 빗방울의 물 분자들은 수십억조 개가 뭉쳐 있는
데 반해, 수증기 분자들은 서로 분리돼 자유롭게 떠다닌다.
다시 말해 빗방울은 물 분자보다 비교가 불허하게 크다. 고어

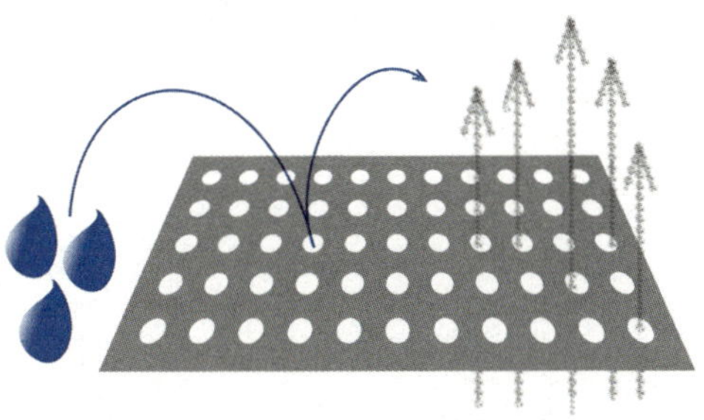

방수와 통기 고어텍스에는 눈비는 막고 땀은 배출하는 마이크로포어micropores 라는 미세 기공들(흰색)이 있다. 빗방울(왼쪽)은 이 기공보다 수천 배 크지만, 땀의 물 분자(회색 화살표)는 수백 배 작다.

텍스 같은 통기성 방수 직물은 이 차이를 이용한다. 고어W.L. Gore & Associates사의 과학자들에 따르면, 고어텍스는 미세 기공이 무수히 뚫린 얇은 막으로 이루어져 있으며, 이 구멍은 물 분자보다 700배 커서 습기는 쉽게 빠져나가는 반면 빗방울보다 2만 배 작아서 비는 안으로 스며들지 못한다.[6] 이렇게 해서 하나의 소재가 방수성과 통기성이라는 상반된 성질을 동시에 갖게 됐다. 정말 더워서 땀이 많이 나면 어쩔 수 없이 수증기의 일부는 미처 빠져나가기 전에 식어서 응축되고, 그렇게 형성된 물방울은 빠져나가지 못한다. 따라서 통기성이 아무리 좋은 옷을 입어도 옷 안이 조금은 축축해지기 마련이고 그 축축함은 몸에서 열을 빼앗아간다. 그럼에도 통기성 방수 소재가 값싼 나일론보다는 훨씬 따뜻하다.

청바지에 리벳이 달린 이유

우리가 옷을 고를 때 항상 보온이나 방수를 염두에 두지는 않는다. 옷은 체열 사수 같은 서바이벌 이상의 목적을 가진다. 안전한 실내에서는 편하고 멋져 보이는 옷이 최고다. 그럼에도 옷은 여전히 옷이기에 앞서 믿음직하고 기능적인 구조물로 작용한다. 옷의 환상적인 작용 방식을 몇 가지 알아보자.

이번 장의 첫머리에서 나는 옷을 집에 비유했다. 옷과 집의 유사점을 좀 더 알아보자. 건축자재는 압력과 바람에 대한 내성부터 열효율과 방수성까지 각종 실용적 고려사항을 충족해야 한다. 우리는 집을 구조물로 생각하지만 본질적으로 집은 우리의 가정생활이 입는 '옷'이다. 안전, 사생활 보호, 위생의 기능이 하나로 합쳐진 옷. 비슷한 논리로 이번에는 옷을 집처럼 물리법칙의 지배를 받는 구조물로 바라보자.

집이 바로 서 있으려면 기반 위에 무게중심을 잘 잡아야 한다. 벽돌과 빔들이 꽉 압축된다. 그래서 집과 내용물이 짓누르는 무게가 마루 밑의 원자들이 치받치는 힘과 정확히 균형을 이룬다. 드레스든 외투든 청바지든 옷에도 집처럼 무게가 있다. 다만 집이 압축력compression으로 지탱된다면 몸에 걸치는 옷은 인장력tension으로 지탱된다.

무거운 웨딩드레스의 경우는 비유적으로 말해 현수케이블

에 매달린 현수교 교상처럼 사람의 어깨에 매달려 있다. 드레스의 엄청난 무게는 솔기와 섬유 각각에 걸리는 인장력으로 분산된다. 다리를 지나는 차량의 무게가 현수케이블과 교상을 연결하는 수직케이블들로 분산되는 것과 비슷하다. (또한 방향은 반대지만 자전거와 사람의 몸무게가 바큇살들로 지지되는 것과 같은 이치다.) 청바지도 하나의 구조물로 생각하면 전혀 다른 방식으로 보게 된다. 주요 구조재인 허리밴드가 무겁게 늘어진 데님의 무게를 지탱하기 때문에 허리에 막대한 부담이 발생한다. 그래서 청바지 상단의 힘을 많이 받는 부분은 강력한 리벳으로 고정돼 있다.

찢어진 청바지

패션에 민감한 친구가 있다. 어느 날 이 친구가 비싼 청바지를 사다가 치즈 강판으로 긁고 찢어서 섹시하게 너덜너덜한 룩을 완성했다고 자랑했다. 우리는 몇 년씩 마르고 닳도록 입어야 나오는 룩을 이 친구는 말 그대로 하루아침에 만들었다.

청바지의 무릎과 스웨터의 팔꿈치가 해지는 까닭을 이해하기란 어렵지 않다. 특히 카펫에 장난감 자동차를 박박 굴리며 놀던 시절에는 뭐가 문젠지 뻔했다. 이제 세월이 흘러 장난감 자동차로 카펫을 망치는 일은 없지만 옷에서 무릎이 제일 먼저 나가는 건 여전히 골칫거리다. 왜 그럴까? 일어서고 앉을 때마다 바지가 무릎을 스친다. 피부가 연마제는 아니지만 딱 봐도 원인은 바지와 무릎의 잦은 마찰이다. 직물은 움직이는 방향이 갑자기 바뀔 때 변형을 겪고, 무릎이 완전히 굽어질 경우 도르래처럼 직각으로 움직인다. 이때 문제는 바짓가랑이가 도르래 역할에 극도로 비효율적이라는 것이다.

도르래는 크레인에 설치하는 로프와 바퀴를 말한다. 로프 고리가 바퀴들 사이로 왔다 갔다 하면서 들어올리는 무게는 여러 로프 가닥으로 분산된다. 이것이 크레인이 다소 느리기는 해도 어마어마한 무게를 들어올리는 비결이다. 건축자재들을 그네처럼 나르는 까마득히 높은 타워크레인을 보면서 누구나 한번쯤 이런 생각을 한다. 만약 저 로프가 끊어지면 어떻게 될까? 하지만 그런 일은 일어나지 않는다. 크레인의 로프는 도르래를 문지르지 않기 때문에 닳는 일도 없다. 로프가 움직이는 속도와 정확히 같은 속도로 도르래 바퀴가 돌기 때문에 로프가 걸린 지점에서도 마찰이 일어나지 않는다. 바퀴의 경우처럼, 도르래의 마찰은 바퀴가 축을 도는 지점에 전적으로 국한되기 때문에 로프에는 거의 손상이 가지 않는다.

청바지는 꽤 무겁다. 윗부분은 옷의 무게를 지탱하며 웬만해선 움직이지 않고 바지 아랫단은 부츠나 신발에 얹혀 있다. 아무래도 무릎 부분이 힘을 가장 많이 받을 것이고, 따라서 가장 빨리 해진다. 바지의 문제는 무릎에 도르래 바퀴가 없다는 것이다. 도르래 덕분에 로프가 마찰이 거의 또는 전혀 없이 부드럽게 미끄러질 수 있는데, 바지는 우리의 불뚝한 뼈 위로 수없이 문대진다. 거기 구멍이 나는 건 시간문제다.

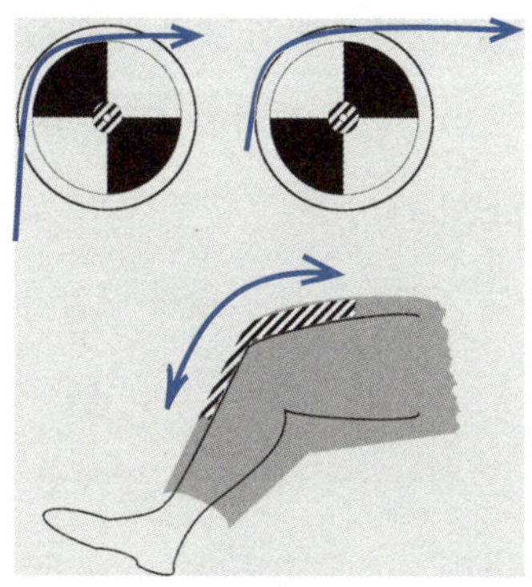

도르래와 무릎 도르래에는 로프와 바퀴가 있고, 로프가 바퀴를 오르내리는 속도와 같은 속도로 바퀴가 회전하기 때문에 로프가 닳지 않는다. 여기저기서 사소하게 발생하는 마찰을 제외하면 유일한 마찰 부위는 도르래 바퀴와 회전축(줄무늬 부분)의 접점으로 국한된다. 이와 달리 무릎은 가만히 있고 직물만 무릎을 반복적으로 앞뒤로 문지르기 때문에 바지의 해당 부분이 빨리 해진다.

제때의 한 땀

옷에 작용하는 힘을 아는 것은 옷태가 좋고 나쁜 이유를 이해하는 데도 도움이 된다. 건물이 지구와 날씨가 가하는 온갖 힘을 견디며 굳건히 서 있도록 설계됐다면, 옷은 훨씬 미묘하고 융통성 있게 작용해야 한다. 일단 옷은 신체의 움직임에 따라 유연하게 움직여야 하고, 따라서 옷이 받는 힘은 끝없이 변한다. 또한 옷은 다른 재료들(이를테면 건축자재들)과 상당히 다른 방식으로 힘에 반응한다.

울이나 아크릴로 균일하게 짠 스웨터를 예로 들어보자. 양말과 셔츠부터 드레스와 코트까지 모든 의류에는 공통점이 있다. 날실과 씨실의 패턴. 이는 금속 막대 같은 고체의 내부 조직, 즉 원자들이 가로세로로 정렬한 양상과 비슷하다. 다만 금속 막대는 모든 방향에서 동일하게 강한 반면(이를 전문용어로 등방성isotropic이라고 한다) 직물은 특정 방향이 다른 방향보다 더 강하다(이를 비등방성anisotropic이라고 한다). 즉 날실이나 씨실과 평행한 방향보다 대각선 방향으로 더 많이 늘어난다. 대각선 방향의 저항이 훨씬 적기 때문이다. 그래서 재단사들은 날실과 씨실이 대각선이 되도록 직물을 45도 돌려놓고 재단하는 경우가 많다. 이를 '바이어스 컷bias cut'이라고 하는데, 바이어스 컷 드레스는 여성의 몸에 감기듯이 신축성 있게 늘어져서 몸을 움직일 때 몸의 선을 잘 살려준다.[7]

옷은 분명히 건물보다 빨리 닳아 없어진다. 하지만 닳는 이유는 다르다. 마찰이 청바지 무릎을 망치는 원인이긴 한데, 옷을 공격하는 것이 그것만은 아니다. 클립을 구부렸다 폈다 하면 얼마 안 가 부러진다. 압박과 변형의 반복이 금속의 결정구조에 균열을 일으키고 물결처럼 번지게 하기 때문이다. 옷도 마찬가지다. 정확히 같은 곳을 접었다 폈다 하면 해당 부분의 직물이 약해져 금속피로와 비슷한 일이 일어난다. 와이셔츠의 경우 넥타이를 맬 때마다 폈다 접었다 하는 칼라가 빨리 닳는다. 같은 지점에 반복적으로 쌓이는 쌍방향 압박 때문에 결국 면사가 클립처럼 피로 누적으로 똑 끊어진다.

일단 옷이 해지기 시작하면 끝장은 순식간이다. 청바지 무릎의 작은 마모가 금세 뻥 뚫린 구멍이 된다. 왜 그럴까? 직물에 결함이 생기면 나머지 실들이 감당해야 하는 무게가 전보다 커져서 견디다 못한 실들이 차례차례 뜯겨나가기 때문이다. 청바지에 살짝이라도 구멍이 나면, 초콜릿바가 홈을 따라 쪼개지고 비행기 동체에 쭉 금이 갈 때처럼, 압박이 해당 부위에 집중된다. 구멍이 번질수록 남은 섬유에 미치는 인장력이 세져 구멍이 더 퍼져나갈 가능성도 커진다. 구멍이 가장 작을 때가 파급력도 가장 작을 때이므로 '제때의 한 땀이 나중의 아홉 땀의 수고를 덜어준다'는 옛말은 탄탄한 과학에 근거한다.

신발의 과학

과학은 어디에나, 심지어 우리 발밑에도 있다. 우리가 내딛는 걸음걸음에 과학이 작동한다.

우선 힘의 차원에서 말하자면 걷기는 앞으로 나아가기 위해 길을 뒤로 미는 동작이다. 이는 뉴턴의 제3법칙, 작용·반작용의 법칙의 완벽한 사례다. 효율적으로 걸으려면 발이 땅을 단단하게 붙잡아야 한다. 자동차 타이어와 신발 고무밑창의 유사성을 생각하면 이해가 쉽다. 타이어의 노면 접지력이 바퀴를 앞으로 구르게 해주는 것처럼, 발이 교대로 땅에 닿을 때마다 신발밑창이 노면을 붙들어서 우리가 미끄러지지 않고 앞으로 나아가게 해준다. 신발의 접지력이 낮으면 땅을 뒤로 차며 앞으로 나가기 어렵다. 이게 얼음이나 젖은 바닥처럼 미끄러운 표면과 조약돌 해변처럼 불안정한 표면을 걷는 게 힘든 이유다. 그런 데서는 뒤로 밀려고 해도 발이 계속 미끄러져 균형을 잃는다. 충분한 추진력을 내려면 평소보다 더 용을 써야 한다. 모래나 눈 위를 걷는 것은 단단한 땅을 걷는 것보다 두세 배의 에너지를 요한다.[8] 신발 자체가 보행 과정에 방해가 될 수도 있다. 발에 딱 맞지 않는 샌들이나 플립플롭을 신고 걷는 건 피곤하다. 신발이 땅을 움켜잡으면서 발에서 훌렁훌렁 벗겨지는 바람에 '땅을 박차고 앞으로 나가기' 과정을 망친다. 따라서 신발의 핏은 매우 중요하다. 헐거운 신발이 딱 맞는 신발보다 편할 수는 있지만 신고 걷기에는 별로다. 효과적으로 추진력을 내기 어려운 탓이다.

걷기가 에너지를 거의 또는 전혀 소비하지 않는다고 생각하기 쉽다. 발과 다리를 들어올리지만 금세 다시 땅에 내려놓기 때문이다. 이론적으로는 발을 다시 땅에 놓는 순간 다리를 들었을 때 사용한 에너지를 몽땅 되찾는다. 하지만 실제로는 근육의 수축과 이완이 필요하기 때문에 전반적으로 에너지 손실이 일어난다. 무엇보다 사람의 걸음걸이에는 몸을 흔들고 발을 바꾸는 등 여러 복잡다단한 비능률적 요소가 존재한다.[9] 또한 걸음마다 신발이 반복적으로 굽었다 펴지는데 이는 자전거나 자동차의 타이어가 회전할 때 받는 저항, 즉 '구름저항'을 일으켜 에너지를 소비한다. 장거리 보행이나 하이킹에 가벼운 신발보다 무거운 부츠를 신으면 확실히 더 힘들다. 하지만 뻣뻣한 신발이 에너지를 더 쓰는지는 불분명하다.

　단거리 육상 선수들이 신는 금속 징이 박힌 스파이크화도 이런 힘과 에너지의 효과를 노린 것이다. 스파이크화를 신어본 사람은 맨발로 뛰는 것 같은 가벼움과 얄팍함에 놀란다. 일단 무게가 적어서 발을 옮길 때 에너지 낭비가 적고, 밑창의 스파이크들이 땅을 단단히 찍어서 마찰에 따른 에너지 손실을 최소화하는 한편, 트랙을 강하게 밀어서 최고의 전방 추진력을 제공한다. 일반 조깅화에는 스파이크보다 패딩이 많아서 뛰고 점프할 때 다리와 허리를 충격으로 인한 부상에서 보호한다. 하지만 패딩이 과하면 신발이 무거워져 에너지를 낭비한다. 발을 땅에 찍었다가 다시 들어올릴 때 패딩이 짓눌렸다가 풀려나면서 (두툼한 산악자전거 타이어처럼) 구름저항을 키워 에너지를 더 빼앗는다.

　모든 신발은 결국 닳는다. 때로 밑창이 해져서 구멍이 난다. 하지만 밑창이 생각만큼 빨리 닳지는 않는다. 신발에 누적된 보행거리에 비하면 신발이 입는 직접적 마찰 마모는 적다. 자동차 타이어처럼 신발밑창도 걸을 때 미끄러지는 일이 적기 때문이다. 신발은 주로 코 부분이나 발등 부분이 해져서 수명을 다한다. 놀랄 일도 아니다. 거기가 재료(가죽, 플라스틱, 직물, 고무 등)가 반복적으로 접혔다 펴졌다 하는 부분이니까. 다시 말해, 구두도 여러 번 구부렸다 폈다 하면 딱 부러지는 클립처럼, 피로로 무너진다. 다만 (클립이 열두어 번 만에 부러지는 데 비해) 신발은 갈라지기 전까지 수백만 번의 접혔다 펴지기를 견딘다. 칭찬해주고 싶다.

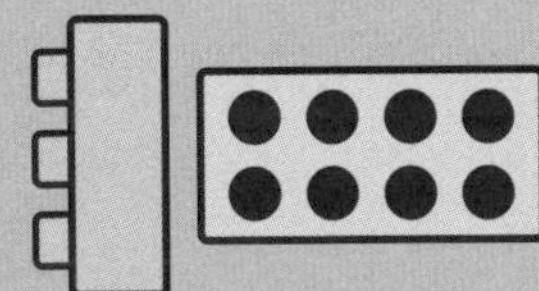
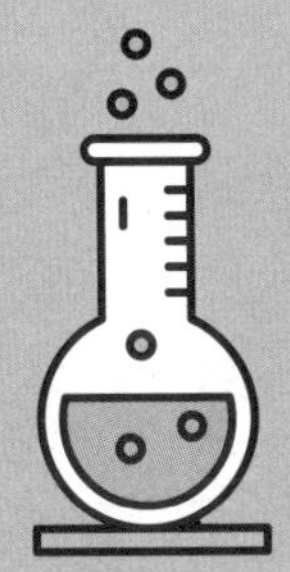

8장

휘발유부터 전기차까지

#에너지 #배터리

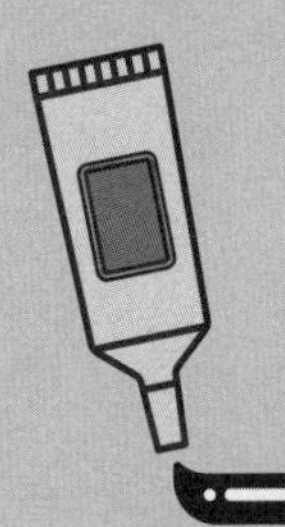

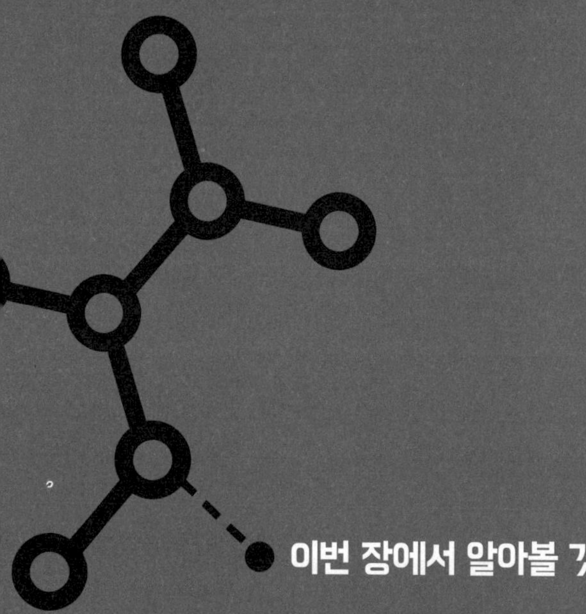

이번 장에서 알아볼 것

* 친환경을 외치면서도 왜 여전히 휘발유를 많이 쓸까?
* 자동차가 연료 한 스푼으로 갈 수 있는 거리는?
* 자동차가 자전거보다 공기를 250배 더 먹는다?
* 그럼에도 전기차 시대가 올 수밖에 없는 이유

현재 지구상에는 약 10억 대의 자동차가 있다.[1] 자동차 10억 대를 차곡차곡 쌓으면 에베레스트산보다 무려 17만 배 높아진다. 달에 네 번이나 닿을 수 있는 높이다. 자동차 10억 대를 꼬리에 꼬리를 물고 나란히 늘어놓으면 미국을 1,200번 넘게 횡단할 수 있다. 10억은 우리가 쉽게 상상하기 어려운 숫자다. 이 수치에 현실감을 더해보자. 세계 인구는 70억 명이 조금 넘는다. 세계인은 하루에 20억 잔의 커피를 들이켠다. 세계적으로 약 60억 개의 휴대폰이 유통되고 있고,[2] 10~20억 마리의 양이 있다.[3]

내 관심은 세상에 자동차가 심하게 많다는 것이 아니라 왜 많을까다. 자동차의 어떤 점이, 고작 한 세기 조금 넘는 기간에 자동차를 역사상 가장 성공적인 발명품 중 하나로 만들었을까? 놀랄 것도 없이 답은 과학과 관련 있다.

자동차의 좋은 점

자동차는 바퀴 달린 화학 실험실이다. 엄청 재미있게 들리진 않는다. 하지만 그 화학이 자동차의 편재성을 낳았다. 자동차에서 가죽시트, 번쩍이는 크롬, 멋진 페인트와 각종 장식을 제하면 남는 건 실린더라 불리는 몇 개의 양철통이다. 여기서 휘발유가 폭발해 에너지가 된다. 자동차의 요체는 결국 엔진이고, 엔진(정식 명칭은 내연기관)은 공기 중의 산소를 이용해 휘발유를 연소시켜 휘발유 안에 갇혀 있던 에너지를 방출하는 기관이다. 태운다고 하면 불을 내는 것을 생각하기 쉬운데, 본질적으로 연소combustion는 산소와 연료 간의 화학반응이고 열과 불은 이 화학반응의 부산물일 뿐이다. 자동차의 기본 과학은 지극히 일상적이어서 우리는 거의 생각하지 않고 산다. 그저 주유소에서 차에 휘발유를 넣고, 시동을 걸고, 가던 길을 가면 끝이다. 하지만 조금만 면밀히 생각해보면 자동차의 과학이 얼마나 놀라운지 알 수 있다.

평범한 패밀리카가 연료 1갤런(7ℓ)당 100km를 주행한다고 가정하자. 이는 휘발유 한 티스푼(약 0.004ℓ)에 자동차를 약 60m, 즉 차체 길이의 약 15배를 움직일 에너지가 들어 있다는 뜻이다. 놀랍지 않은가? 정지 상태의 차를 밀어서 움직이는 게 얼마나 힘든 일인지 생각해보라. 심지어 정지 상태를 벗어난 차도 밀어서 굴리는 데는 엄청 힘이 든다. 여기서 명확한 사실은 휘발유는 에너지로 꽉 들어찬, 그야말로 에너지 덩어리라는 것이다. 우라늄(핵연료)을 제외하면 휘발유는 세상에서 에너지가 가장 풍부한 물질이다. 이것이 다른 어떤 이유(자동차의 기동성, 자유, 독립성, 사회적 지위 등)보다 자동차의 인기를 설명한다.

자동차도 호흡한다

자동차 운전자 입장에서 먼 길을 가면서 연료 게이지에 신경 쓰지 않는다는 건 상상하기 어렵다. 에너지 보존의 법칙에 따라 자동차는 휘발유의 모습을 한 에너지 없이는 일보도 전진하지 않는다. 그런데 우리가 으레 신경 쓰지 않고 사는 게 있다. 바로 자동차도 사람처럼 숨 쉴 공기를 필요로 한다는 것이다. 엔진의 실린더에서 일어나는 연료의 연소는 휘발유 속 탄화수소(탄소와 수소로 이루어진 분자)와 공기 중 산소 사이의 화학반응이다. 따라서 아무리 연료 탱크에 휘발유가 넘쳐나도 주위에 공기가 없으면 자동차는 아무데도 가지 않는다. 그럼 자동차는 정확히 얼마만큼의 공기를 필요로 할까? 스포츠카의 경우 1분에 약 $6,000\ell$ $(6m^3)$의 공기를 흡입한다. 자전거를 타는 사람보다 공기를 약 250배나 더 쓰는 것이다.[4] 만약 자동차를 쉬지 않고 8시간 동안 운전한다면 자동차는 올림픽 규격의 수영장을 채우고도 남을 공기를 마시는 셈이다.

우리는 공기를 심하게 당연시하는 경향이 있다. 지구상 어디를 가든 공기가 넘쳐나니까. 이론상으로 역사상 공기 없이 달린 유일한 엔진은 우주로켓에 부착된 엔진뿐이다. 우주로켓은 지구의 대기권을 박차고 나가 산소가 없는 깊은 어둠 속으로 뛰어들기 때문에 연료뿐 아니라 거대한 탱크에 산화제(일종의 공기 보급품)까지 싣고 나가야 한다.

우주 공간 말고, 지구상에 휘발유보다 공기가 먼저 떨어져서 차가 멈출 만한 곳이 있을까? 그런 데는 없지만 고도가 높아지면 상대적으로 공기가 희박해서(산소량이 낮아서) 이것이 자동차 주행 성능에 확실히 영향을 미친다. 이는 간단한 과학이다. A(연료)와 B(산소)로 C(에너지)를 생산하는 화학반응이 있을 때, B가 부족하다면 어떻게든 보충하지 않는 한 C가 적게 얻어지는 건 당연한 이치다. 실제로 여러 자동차 제조사가 고산지용 자동차를 출시했다.[5]

일반적으로 우리 몸도 고도를 그다지 신경 쓰지 않는다. 하지만 고원 마라톤에서 구름을 헤치고 허위허위 달릴 때 다리에 동력을 제공하기 위해 코로 빨아들이는 산소의 양이 평지보다 적을 수밖에 없다. 인체의 호흡도 자동차의 실린더만큼이나 금쪽같은 산소를 필요로 한다. 따라서 장거리 주자들에게는 높은 고도에서 달리는 것이 지극히 불리하다. 경기 중에 산소를 많이 소비하기 때문이다. 그런데 흥미롭게도 단거리 주자들에게는 그다지 불리할 게 없다. 달리기 구간이 짧아서 오래 숨 쉴 필요가 없는 데다 공기가 희박하면 공기저항도 줄기 때문에 단거리 주자는 오히려 높은 고도에서 더 빨리 달릴 수 있다. 1968년 (해발고도가 약 2,250m에서 열린) 멕시코시티 올림픽 때 육상 세계신기록이 다수 수립된 것은 이점과 무관하지 않다.[6]

자동차의 나쁜 점

자동차 운전은 인간 대포알이 되는 차선책이다. 자동차는 연료 탱크 하나로 사람을 싣고 실로 놀라운 속도로 총알처럼 내달린다. 70ℓ들이 연료 탱크와 7ℓ당 100km를 주파하는 엔진을 장착한 자동차의 경우 주유소에서 가득 급유하면 1,000km를 달릴 수 있다. 재급유 네 번이면 뉴욕에서 로스앤젤레스까지 미국을 통째로 횡단할 수 있다.

대단하다. 하지만 자동차가 늘 대단한 건 아니다. 미국 횡단을 앞두고 있다면 자전거보다는 확실히 자동차가 나은 선택이다. 비행기나 열차를 배제하고 최소한의 노력으로 최대한 빠른 여행을 원한다면 그렇다.

그런데 미국 횡단이 아니라 에베레스트 등정을 원한다면 얘기가 달라진다. 도보 등반과 자전거나 자동차 등반이 모두 가능하다 치자. 하지만 당장 이런 생각이 든다. "굳이 금속 더미를 산꼭대기까지 끌고 올라갈 필요가 있을까?" 자전거를 끌고 올라가는 것도 끔찍한데 굳이 자동차로? 자동차로 언덕을 오르는 것은 운전자의 몸무게(약 75kg)뿐 아니라 (1,500kg은 너끈히 나가는) 자동차의 무게까지 들어올리는 일이다. 이것이 자동차 운전의 진정한 단점이다. 어디를 가든 쇳덩이를 차고 다니는 것과 같다. 이때의 쇳덩이는 길이가 약 4.5m, 무게는 내 몸무게의 20배에 달한다. 이걸 달고 산꼭대기로 올라간다는 건 필요한 에너지의 95%를 자동차라는 쇳덩이를 끌어올리는 데 쓴다는 의미다. 단지 5%만이 내가 실제로 하려는 일, 즉 내 몸을 산 정상으로 옮기는 일을 한다. 이것이 자동차가 자전거보다 훨씬 많은 연료와 공기를 게걸스레 먹는 이유다. 등산만이 아니다. 모든 운전 상황에 똑같이 적용된다. 어디를 가든 자동차로 가는 것은 쇳덩이까지 나르며 에너지를 낭비하는 일이다. 세계에서 가장 빠른 자동차 중 하나인 에어리얼 아톰Ariel Atom이 세계에서 가장 가벼운 자동차 중 하나이기도 한 것은 우연이 아니다. 에어리얼 아톰의 무게는 일반 소형차 무게의 3분의 1인 500kg 안짝이다.[7]

간단히 말해, 휘발유 자동차는 우리가 피할 길 없는 비효율을 기본으로 깔고 간다. 하지만 이건 새 발의 피다. 실질적인 비효율성은 따로 있다. 자동차의 근본적인 문제는 휘발유에 갇혀 있는 에너지의 단 15%만이 실제로 도로를 달리는 데 쓰인다는 것이다. 나머지는 실린더의 열 손실, 기어의 마찰, 엔진이 내는 소리, 차의 전기 설비로 가는 동력 등 다양한 경로로 낭비된다. 만약 자동차가 100% 효율적이라서 휘발유에 내장된 에너지가 남김없이 도로를 내달리는 운동에너지로 전환된다면 동량의 연료로 적어도 5~10배는 더 멀리 갈수 있을 거다. 즉 연료 한 티스푼당 0.5km가 넘는 거리를 손해 보고 있는 셈이다.

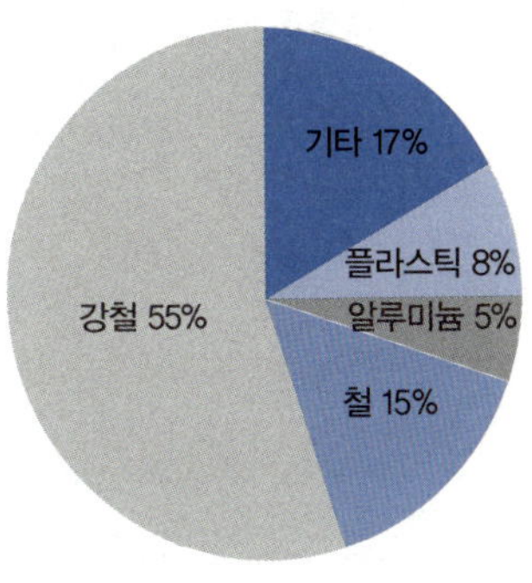

차는 왜 그렇게 무거운가? 차체 무게의 4분의 3은 강철, 철, 알루미늄으로 구성된다. 강철 차체가 전체 무게의 최대 3분의 1을 차지하고, 철제 엔진은 약 15%에 해당한다.[8]

차에 사람을 많이 태울수록 차량의 무게 대비 실제로 운반할 유효 하중이 커지기 때문에 에너지 효율이 높아진다. 이것이 트럭, 버스, 열차 같은 차량이 훨씬 크고 무거운 디젤엔진을 탑재하고 있는 데도 효율성 높은 운송 수단에 속하는 이유다. 하지만 차를 아무리 효율적으로 만들어도 내연기관을 쓰는 차량은 모두 휘발유를 태우면서 검댕이나 스모그부터 지구온난화의 주원인인 이산화탄소까지 이런저런 오염물질을 내뿜는다. 그럼, 어떻게 더 좋고, 더 깨끗하고, 더 효율적인 자동차를 만들 수 있을까? 이에 대해 과학이 할 수 있는 조언은?

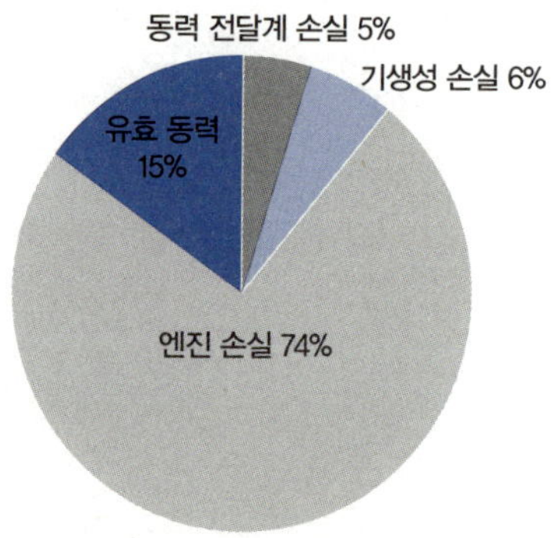

자동차는 어느 부분에서 에너지를 낭비할까? 자동차는 지극히 비효율적이다. 시내 주행의 경우 연료에 든 에너지 중 약 15%만이 실제 주행을 위한 유효 동력을 만든다(파란색 부분). 나머지는 (방열기의 열 손실 등에 따른) 엔진 손실, (교류발전기 같은 전기 설비가 잡아먹는) '기생성' 손실, (바퀴에 동력을 전달하는) 구동장치에서 일어나는 손실 등으로 낭비된다. 수치는 미국 에너지부US Department of Energy Office of Transportation and Air Quality에 따른 것이다.[9]

여전히 주유소를 찾는 이유

전부터 여러 발명가들이 자동차 동력 공급 방법을 다양하게 제시해왔다. 예를 들어 휘발유가 나오기 전에는 증기 자동차가 있었다. 하지만 증기 엔진은 단연 비효율의 선두를 달린다. 석탄은 무겁고, 더럽고, 연기를 토해낸다. 휘발유 엔진만큼 오래됐고 작용 원리도 비슷한 디젤엔진은 힘이 좋은 반면 더 무겁다(휘발유 엔진은 불꽃 점화 방식, 디젤엔진은 압축 점화 방식이다). 전기차를 최근의 첨단 발명품으로 생각하는 경향이 있는데, 사실 전기차의 시작은 헨리 포드Henry Ford 시대보다도 앞선 19세기 후반으로 거슬러 올라간다. 오스트리아의 자동차 설계자 페르디난트 포르셰Ferdinand Porsche, 1875~1951는 오늘날 럭셔리 스포츠카의 아버지로 알려져 있지만 원래는 1900년에 하이브리드 전기차의 개척자로 업계에 등장했다.[10]

미끈한 라인을 뽐내는 신형 자동차를 스케치하는 것은 쉬워도, 탑승자를 휘발유만큼 빠르게 또는 멀리 날라줄 실현 가능한 설계안을 뽑아내기란 어렵다. 발명된 지 100년이면 전기차가 휘발유 자동차 따위 가뿐히 뛰어넘고도 남았을 법한데 왜 그러지 못했을까? 전기차가 가진 근본적인 난제 때문이다. 바로 배터리다. 배터리는 휘발유, 등유(항공기 연료), 알코올(로켓 연료) 같은 액체 연료처럼 많은 에너지를 밀도 있게 축적하지 못한다. 차라리 나무 한 토막이나 설탕 한 봉지가 같은 무게의 충전용 배터리보다 많은 에너지를 가지고 있을 정도다. 거기다 휘발유 자동차는 1~2분이면 재급유가 완료되지만, 배터리팩을 완전히 충전하려면 차를 한 번에 몇 시간씩 전용 충전소에 하릴없이 묶어두어야 한다.[11]

일부 환경운동가들은 석유에 중독된 시장과 기름에 맛들인 차들이 지구를 계속 오염시키는 것을 수수방관하면서 전기차를 일부러 기술의 변방에 재워두는 거대 음모를 상상한다.

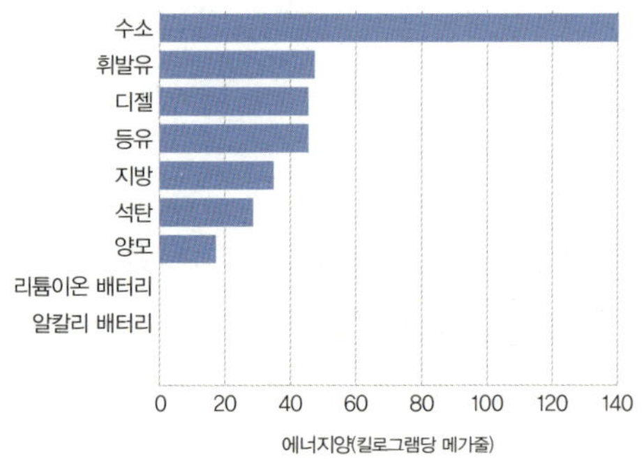

(아직도) 우리 모두가 전기차를 몰지 않는 이유는? 배터리는 휘발유와 디젤 같은 탄화수소 연료에 비해 1kg당 에너지 축적률(에너지 밀도)이 형편없이 낮다. 수소(맨 위)가 현존하는 최고의 에너지 운반 물질이지만, 잘 새는 인화성 기체라서 안전하고 효율적인 보관과 수송이 어렵다.[12]

하지만 진실은 더 따분하고 덜 선정적이다. 현재도 휘발유는 배터리보다 훨씬 효과적이고 훨씬 효율적인 에너지 저장 매체이며 앞으로도 당분간은 그럴 전망이다. 오늘날 우리 대부분이 여전히 휘발유 자동차를 운전하는 이유는 정치가 아닌 과학에 있다.

전기차의 미래

우리가 내일도 휘발유 자동차를 몬다는 보장이 없다. 언제 원유가 바닥날지 아무도 확실히 예측하지 못한다. 즉 언제 유가가 천정부지로 치솟아 시장의 힘이 어떤 대체에너지를 스타로 키울지 아무도 모른다. 어쨌든 그날은 결국 도래할 것이다. 오래전 지구에 살았던 식물과 바다생물의 유해가 쌓이고 쌓여 변성 작용을 겪으며 지금의 원유가 되는 데는 수억 년의 세월이 걸렸지만 그것을 인간이 탐욕스럽게 퍼내 매장량을 거의 바닥내는 데는 단 1세기밖에 걸리지 않았다. 원유는 늘 형성되고 있다. 우리가 내일 석유 사용을 멈춘다 해도 땅속에는 새로 원유가 모인다. 하지만 시추하기 충분한 양이 되려면 수백만 년은 있어야 한다. 따라서 전기배터리의 에너지 축적률이 휘발유보다 현저히 낮아서 휴대성이 떨어지든 말든 결국은 배터리 자동차가 우리의 미래가 될 운명이다.

에너지 축적률이 낮아서 차에 탑재할 배터리의 부피가 커질 수밖에 없는 단점이 있지만, 날렵하고 조용하고 발랄한 전기차에는 장점도 많다. 일단 이론적으로 전기차는 휘발유 자동차보다 훨씬 가볍다. 괴물 같은 엔진이 필요 없기 때문이다. 실린더 안에서 맹렬히 상하운동하는 피스톤도, 끝없이 도는 기어박스도 안녕이다. 물론 엔진 대신 들어앉을 것도 장난 아니다. 기막히게 무거운 배터리팩을 싣고 다녀야 한다. 하지만 그렇더라도 전기차는 전체적으로 더 가볍고, 따라서 더 효율적이다.

휘발유 자동차를 비효율적으로 만드는 것 중 하나가 도시 주행에 따르는 스톱스타트 운전 행태다. 뭐라도 하려면 에너지가 든다. 고장 난 차를 밀어봤다면 자동차의 관성(inertia, 물체가 외부의 힘을 받지 않는 한 정지 상태 또는 운동 상태를 그대로 유지하려는 성질)을 깨는 것만도 얼마나 등골 빠지게 힘든지 알 것이다. 무게 1.5톤(1,500kg), 주행 속도 65km/h의 자동차는 상당한 운동에너지를 보유한다. 계산해보면 약 240kJ(킬로줄, kilojoule)인데, 엠파이어스테이트 빌딩을 올라가기에 충분한 에너지양이다.

그런데 여기에 함정이 있다. 축구공을 따라 도로에 튀어나오는 아이들이나 교통안전 수칙을 모르는 고양이를 피해 브레이크를 밟을 때마다 이 240kJ의 에너지는 허공으로 사라진다. 브레이크 패드가 브레이크 디스크와 만나 자동차가 정지할 때 운동에너지는 타이어의 끼익 하는 비명과 풀썩 피어오르는 연기로 사라진다. 포뮬러 1Formula I의 트랙을 질주하는 레이싱카의 경우는 브레이크가 750°C까지 끓어오른다. 차가 나무였으면 불이 붙을 온도다.[13] 완전 제동 후 가속페달을 밟으면 엔진은 속도를 바닥에서부터 다시 끌어올리기 위해 더 많은 휘발유를 태워야 한다. 주행 중에 이렇게 끔찍히 소모적인 순환이 계속 반복된다.

엔진이 아니라 모터로 구동되는 전기차는 그런 면에서 크게 유리하다. 극히 단순화해서 말하자면 전기모터는 원통형 자석 안을 빙빙 도는 구리 코일이다. 코일은 구리선을 촘촘히 감은 것이다. 구리선에 전기를 주입하면 임시 자기장이 발생해 자석의 자성을 밀어낸다. 이 때문에 구리심이 뱅뱅 도는데, 이 현상을 이용해 진공청소기부터 고속열차에 이르기까지 어떤 것에도 동력을 공급할 수 있다. 전기모터의 위대한 점은 이 과정을 역전할 수 있다는 것이다. 손가락으로 전기모터의 축을 비틀면 전기가 구리선에서 반대 방향으로 빠져나온다. 다시 말해 모터가 발전기가 된다. 이론상으로는 전기제품(예를 들어 진공청소기)의 모터를 수동으로 회전시키는 방법으로 반대편 끝에서 전기를 뽑아낼 수 있다. 허무맹랑하게 들리겠지만 진공청소기의 전원을 뽑고 인공호흡을 실시하면 전원 케이블에서 전기를 빨아올릴 수 있다는 얘기다. 물론 실제로는 진공청소기에서 전기를 회수할 수 없다. 하지만 전기차에서는 가능하다.

전기차는 모터를 알차게 써먹는다. 주행할 때는 배터리가 전선을 통해 동력을 모터에 주입해서 바퀴를 회전시킨다. 그러다 브레이크를 밟으면 전류가 끊기지만 자동차의 모멘텀이 바퀴를 계속 돌린다. 이때 모터도 계속 회전하기 때문에 전기가 발생하고, 이 전기가 다시 배터리에 저장되면서 자동차가 감속한다. 전기차는 브레이크를 잡을 때 에너지를 홀랑 날리는 대신 일부를 다시 잡아서 배터리를 재충전한다. 이를 회생 제동regenerative braking이라고 한다. 회생 제동 시스템은 일반적으로 전기차의 효율을 10% 높인다. (전기열차의 경우는 에너지 효율이 15% 향상되고, 이는 열차 일곱 대마다 한 대를 공짜로 굴리는 것과 맞먹는다.)[14]

가장 완벽한 차

최대한 효율적인 자동차를 설계한다고 상상해보자. 어떤 설계가 나올까? 일단, 움직이는 부분을 최소화해서 투입한 에너지의 낭비를 최소화해야 한다. 여기에 차체 무게까지 최소화할 수 있다면 금상첨화다. 금속, 플라스틱, 유리를 옮기는 데 드는 에너지가 장난 아니다. 또한 1kg당 에너지 축적률이 높고 어디서나 쉽게 공급받을 수 있는 연료, 가급적이면 탄소 기반의 유기 연료로 움직이는 것이어야 한다. 그렇다면 우리가 찾는 이상적인 차는 어쩌면 이미 우리에게 있다. 바로 우리 몸이다. 인체는 비록 저속 주행(6km/h)이란 단점이 있지만, 유지비가 적게 들고 에너지 효율이 높고 주차하기 쉽다. 녹이 슬지도 않고, 무엇보다 대개는 아름답게 낡아간다.

슬립 vs. 그립

타이어가 롤러코스터를 탄 10대들처럼 비명을 지른다. 귀청을 찢는 소리를 내며 커브를 도는 자동차를 볼 때마다 나는 차가 제어 능력을 잃고 옆으로 튕겨나가지 않음에 감탄한다. 차를 직선으로 모는 것은 어렵지 않다. 바퀴의 균형만 잘 잡혀 있으면 차는 혼자 알아서 잘 굴러간다. 하지만 코너를 돌 때는 과학이 모든 것을 바꾼다. 우리를 도로 밖으로 끌어내려는 모종의 악의적 음모가 작용하는 것 같다. 원심력이라는 것이 우리를 커브 바깥으로 세게 잡아당긴다. 실제로 고속 질주하는 차에는 계속 직진하려는 성질이 있다. 뉴턴의 제1법칙에 따르면 움직이는 물체는 따로 외부의 힘이 작용하지 않는 한 계속 같은 방향, 같은 속도로 움직이려 한다. 이렇게 차가 등속직선운동을 하는 중에 커브를 만나 핸들을 돌리는 것은 차에 구심력, 즉 커브 안으로 끌어당기는 힘을 가하는 것이다.

구심력은 자동차의 타이어와 노면의 마찰에서 온다. 이렇게 말하면 타이어를 노면을 세게 움켜잡는 무지막지한 손으로 상상하기 쉬운데, 사실 각각의 타이어에서 실제로 도로에 닿는 고무의 양은 신발 한 짝의 접지 면적보다 그리 많지도 않다. 운전할 때 이 점을 기억하자. 우리의 삶과 죽음 사이에는 고작 신발 네 짝 분량의 고무가 있을 뿐이란 것을.[15]

그럼, 차를 도로에 붙어 있게 하는 건 어떤 힘일까? 간단한 방정식으로 물체를 원을 그리며 돌게 하는 힘을 계산할 수 있다. 예를 들어 무게 1.5톤의 차가 100km/h의 속도로 완만한 커브를 돌 때 드는 힘은 대략 1만 N이다. 이는 악어가 무는 힘과 비슷하다. 다시 말해 우리를 도로에 잡아두려면 맹수 아가리의 힘이 필요하다.

타이어 아끼는 법

타이어는 왜 빨리 닳지 않을까? 정상적인 상황에서 안전 운행하는 경우 타이어가 도로에서 미끄러지는 법은 결코 없기 때문이다. 운전 시 바퀴가 차축을 돈다. 여기서 마찰이 약간 발생한다. 타이어가 도로를 움켜잡으며 굴러간다. 여기서는 마찰이 거의 없거나 전혀 없다. 자동차 타이어는 탱크트랙과 똑같이 작동한다. 알다시피 탱크 바퀴들은 트랙이 감싸고 있다. 탱크가 굴러갈 때 트랙이 바퀴 앞에 깔렸다가 바퀴에 집혀서 다시 뒤로 밀린다. 자동차 타이어도 마찬가지다. 타이어는 바퀴를 완전히 감싸고 있다는 것만 다를 뿐이다. 바퀴가 구를 때 고무가 바퀴 바로 앞에 깔리고 바로 뒤에서 들린다. 급브레이크를 밟아서 미끄러지지 않는 한 바퀴가 도로와 마찰을 일으키는 일은 거의 없다. 합리적인 속도로 천천히 조심 운전하면 타이어가 미끄러지는 일 없이 접지력이 오래 유지된다.

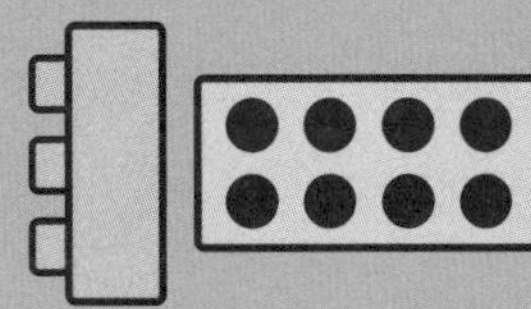
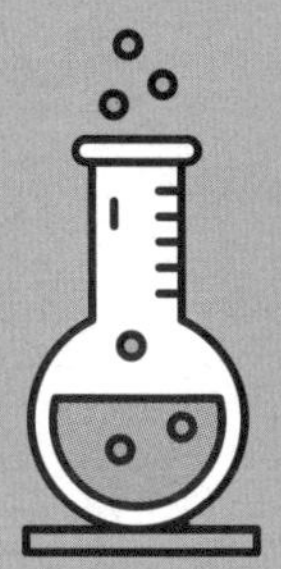

디지털이 세상을 바꾸다

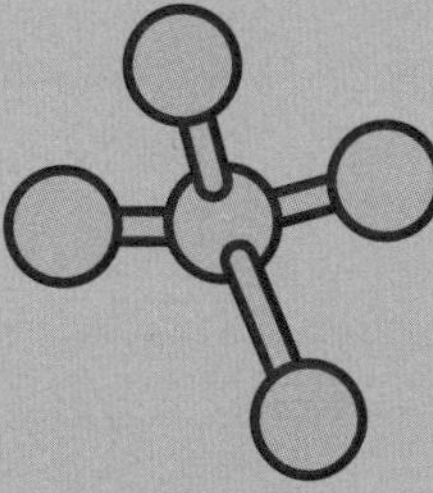
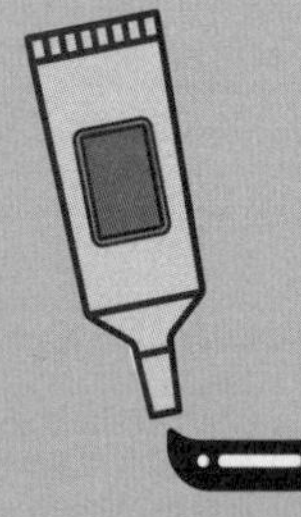

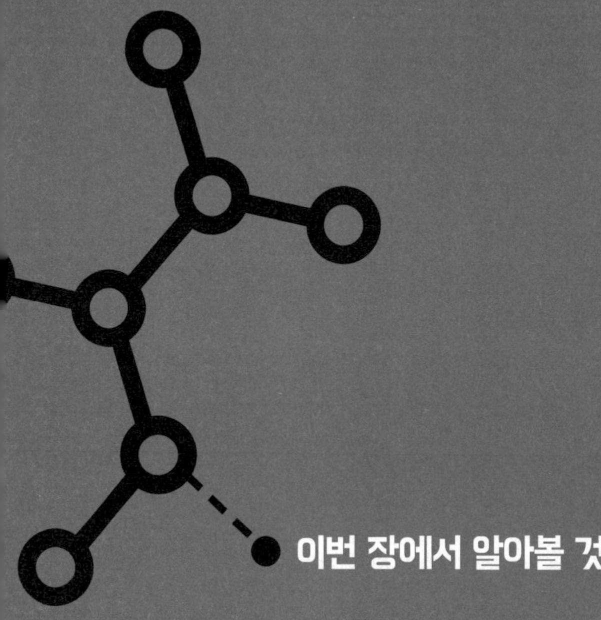

이번 장에서 알아볼 것

* 디지털의 언어가 이진법인 이유
* 최초의 아날로그 컴퓨터는?
* 디지털과 아날로그의 결정적 차이
* 디지털 기술의 한계는 무엇일까?

극단적 결벽증과 대인기피증 때문에 은둔자로 생을 마감한 하워드 휴스Howard Hughes, 1905~76가 지금 살았으면 그렇게까지 불행하진 않았을 것이다. 생각해보라. 지금은 집에서 고전영화를 보고, 신간 소설을 다운로드받고, 홍콩에 있는 여동생과 화상채팅을 하고, 삼시세끼를 배달음식으로 해결하고, 이메일로 업무를 본다. 이 모든 것을 집 안을 벗어나지 않고서도, 심지어 침대에서 나오지 않고서도 할 수 있다. 이를 가능하게 한 것이 인터넷은 아니다. 컴퓨터도 아니다. 그보다 훨씬 더 근본적인 무언가다. 현대 세계는 매우 단순한, 하지만 무시무시하게 강력한 이 하나의 아이디어를 중심으로 돌아간다. 지식과 문화부터 뉴스와 정서에 이르기까지 모든 형태의 정보가 기다란 숫자의 나열로 변환돼 지구 반대편까지 빛의 속도로 날아간다.

나이가 좀 있는 독자들은 디지털 기술이 우리 삶을 바꿔놓기 전인 1970년대와 80년대를 기억할 것이다. 그때는 무척 다른 세상이었다. 그 시절 여러분에게는 아마 레코드판과 하드커버 책들이 꽉꽉 들어찬 책장이 있었다. 고주망태 파티 사진들이 주종을 이루는 대학 시절의 사진들은 앨범에 다닥다닥 붙어 있었고, 비밀을 갈겨놓은 일기는 아무도 보지 못하게 양말 서랍에 묻혀 있었다. 은행에서 보낸 계좌 내역 등 중요한 서류들을 터지게 모아둔 서류보관함이나 박스파일도 당연히 있었다.

세상이 정말 많이 변했다. 지금은 카드만 한 아이팟iPod 하나면 음악 컬렉션이 다 들어간다. 지금도 책장은 있지만 킨들Kindle 같은 전자책장에 들어 있는 책이 더 많다. 사진들? 그것도 컴퓨터에 있을 가능성이 높고, 일부는 플리커나 인스타그램 같은 사진 공유 웹사이트에 올라가 있거나 휴대폰으로 찍자마자 온 세상에 트윗됐을 공산이 크다. (지금은 사진을 공유할 수 있는 능력이 사진을 찍는 동기가 됐다.) 편지들? 우리는 인동덩굴 같은 필기체를 내다버린 지 오래고, 우리 중 대다수가 편지를 이메일로 대체하고 컴퓨터 밖 '클라우드'에 띄워둔다. 따라서 이제 편지는 어디에도 있고 또 어디에도 없다. 페이스북과 트위터를 생각해보라. 우리는 사생활에 작별인사를 고하고 디지털 세계를 향해 양말 서랍을 활짝 열었다.

모든 것을 숫자로

여러분의 키는? 아이처럼 벽에 서서 연필로 키를 표시한다고 치자. 바닥과 표시선 사이 석고벽의 수직 길이는 내 키를 '나타내는' 것, 내 키에 대한 일종의 '비유analogy'다. 과학자라면 이것을 아날로그 치수라고 부를 것이다. 이 방법은 한창 크는 아이들의 키를 몇 달에 한 번씩 기록해서 키 변화를 볼 때 유용하다. 하지만 마냥 유용한 것은 아니다. 누군가 내 키를 알고자 한다면, 벽에 있는 표시를 보여주는 것이 무슨 의미가 있을까? 상대가 그저 나를 보기만 해도 내 키를 알 수 있는데 말이다.

이런 아날로그 치수를 디지털 치수로 변환하는 것이 훨씬 유용하다. 눈금자를 이용하면 벽의 수직 길이를 183cm 같은 숫자로 변환할 수 있다. 이런 디지털 수치가 비교에 훨씬 용이하다. 둘 중 누가 더 큰가? 등을 맞대고 서서 확인해볼 수 있지만 그러려면 둘 다 같은 장소에 있어야 한다. 수치만 대조하는 것이 더 빠르고 간편하다. 예를 들어 온라인으로 코트를 구매할 때 사진을 노려보며 맞을지 작을지 가늠하기보다는 본인 몸의 치수를 알고 옷 치수와 비교하는 것이 훨씬 쉽다. 신체 외부에 해당되는 것이 내부에도 똑같이 해당된다. 현대 의학은 혈압이나 심박동수 같은 생체 신호를 디지털 수치화해서 정상치와 비교하는 것에 대폭 의존한다.

우리 몸의 면면을 낱낱이 측정해서 사람을 미래의 자동차 카탈로그나 하이파이 브로슈어에서 볼 법한 테크니컬 데이터로 바꾼다고 상상해보자. 몸무게는? 다리 길이는? IQ는? 사람을 신속히 파악 가능한 단순 사양으로 축소하는 것쯤 어렵지 않다. 이 상상은 휴대폰, 디지털카메라, CD 플레이어, 컴퓨터에서 이루어지는 일을 그대로 모방한 것에 다름 아니다. 우리 자신을 아날로그 형식에서 디지털 형식으로 바꾸는 일. 온라인 데이팅 이용자는 컴퓨터 중매쟁이에 접속해 사람들의 수치화된 사양을 디지털 공간에서 빠르고 쉽게 비교하는 편리함을 알 것이다.

디지털 기술은 연애 영역뿐 아니라 우리 삶을 송두리째 바꿨다. 어딜 가나 사람들은 스마트폰을 들여다보고 두들긴다. 하지만 거기에는 편익만 있는 것이 아니라 분명히 문제점도 있다. 나는 실제로 어떤 사람인가? 나라는 사람을 그저 숫자로 압축할 수 있을까? 천만에. 그럼 어째서 우리는 피카소 그림은 디지털 사진으로 압축하고 베토벤 피아노 소나타는 MP3 파일로 욱여넣을 수 있다고 생각할까? 우리가 숫자화한 삶을 살면서 얻은 것은 무엇이고, 잃은 것은 얼마일까?

기계의 언어

우리는 아날로그 동물이다. 우리는 소리를 듣고, 그림을 보고, 감정을 느낀다. 이 중 무엇도 말로 바꾸기 쉽지 않고, 숫자로 표현하기란 더더구나 어렵다. 컴퓨터는 디지털 기기다. 무슨 일을 하든 컴퓨터는 궁극적으로 디지털 형태로 일을 처리한다. 컴퓨터는 0에서 9까지 10개의 부호를 사용하는 우리의 방식이 아니라, 0과 1 단 두 개의 숫자로 정보를 나타내는 이진법을 쓴다. 예를 들어 12345라는 익숙한 숫자가 컴퓨터에서는 11000000111001로 변환된다. 이렇게 두 개의 숫자만 사용하면 (1이 대변하는) '켜짐(on)'과 (0이 대변하는) '꺼짐(off)'의 딱 두 가지 상태만 오가는 전자스위치로 정보를 저장하고 처리하기가 쉬워진다. 현재 최고 성능의 칩의 경우 트랜지스터라고 불리는 스위치들이 손톱만 한 크기의 공간에 20억 개 이상 밀집돼 있다. 글자 하나 또는 숫자 하나를 저장하는 데 여덟 개의 트랜지스터가 필요하다고 할 때 이 공간에 (이론적으로) 2억 5,000만 개의 부호, 다시 말해 400권의 두툼한 책들이 거뜬히 저장된다. 웬만한 책장 하나가 통째로 들어가는 셈이다.

아날로그 인간과 디지털 기기의 차이는 의외로 매우 미묘한 데에 있다. 무엇보다 사람은 어떻게든 무의미한 것에 의미를 부여한다. 숫자 12345는 의미 없는 예시다. 그럼에도 뭔가를 의미한다. 즉 12345는 가장 기억하기 쉬운 숫자 나열이다. 숫자 버전의 'ABC'다. 상품의 가격표는 어떤가? 49.50파운드나 145.67달러 같은 숫자를 보면 그 즉시 우리 뇌는 연상작용을 통해 그것을 단순한 숫자 이상의 것으로 바꾼다. 더 비싸거나 더 싼 상품에 연계하고, 같은 금액으로 다른 무엇을 살 수 있는지, 그만큼 벌려면 얼마나 걸릴지 생각한다. 우리는 무작위로 할당된 등록번호를 날짜로 바꾸어 외우고, 반대로 기념일을 복권번호를 찍는 데 이용한다. 우리 뇌는 무엇을 보든 거기서 고집스레 의미를 찾고, 의미를 찾지 못할 때는 거기에 의미를 부여한다.

반면 컴퓨터는 자기가 씹어 먹는 숫자에서 어떠한 의미도 찾지 않는다. 컴퓨터는 데이비드 호크니David Hockney, 1937~의 붓놀림을 의미하는 수 배열과 롤링스톤스의 노래를 담은 수 배열에 어떤 구분도 두지 않는다. 하지만 이는 문제의 절반에 불과하고, 그나마 더 나은 절반에 해당한다. 진짜 문제는 컴퓨터가 몰상식하다는 것이다. 인간 세계의 가장 심오한 의미도 컴퓨터에게는 아무런 의미가 없다. 컴퓨터의 이진법 사고방식에서는 연예인의 트윗과《쿠란》사이에 아무런 차이가 없다.

아날로그 컴퓨터

물론 컴퓨터의 맹함이 '수치화' 때문은 아니다. 1940년대 중반 디지털 기술이 도래하기 전에는 컴퓨터도 전적으로 아날로그 방식이었다. 그때의 컴퓨터들은 기름먹인 톱니들을 갈아대며 기어가 원래 위치에서 얼마나 돌았고 마커가 얼마나 이동했는지를 따져서 주로 탄도(총알이 얼마나 날아갈 것인가? 바람이 지금보다 두 배 더 세게 분다면?)를 계산했다.

미국의 과학자이자 군사기술 관료였던 버니바 부시Vannevar Bush, 1890~1974를 아는가? 그는 1945년 제2차 세계대전을 종식시킨 맨해튼 프로젝트(Manhattan Project, 원자폭탄 개발 프로젝트)를 주도했고, 오늘날의 하이퍼텍스트(hypertext, 인터넷 웹사이트의 링크&클릭 방식 텍스트 전개 원리)와 비슷한 개념의 기계장치를 발안한 인물이다. 그보다 앞서 양차 세계대전 사이에는 컴퓨터의 원조 격인 아날로그 컴퓨터를 개발했다. 그가 록펠러 재단의 후원으로 개발한 록펠러 디퍼렌셜 애널라이저Rockefeller Differential Analyzer는 320km의 전선, 150개의 전기모터, 2,000개의 진공관(트랜지스터의 전신)으로 이루어진 방 하나를 가득 채우는 100톤짜리 괴물이었다. 거대한 핀볼 머신처럼 생겼지만 이 컴퓨터가 수행한 유일한 게임은 미군을 지원하는 삶과 죽음의 게임이었다.

하지만 이 아날로그 어벤저는 1946년에 완성된 세계 최초의 디지털 컴퓨터, 악명 높은 에니악Electronic Numeric Integrator and Calculator, ENIAC의 등장으로 무용지물이 됐다. 에니악도 부시가 만든 것보다는 다소 작았지만 여전히 괴물처럼 거대한 계산기였다. 무게가 무려 30톤(3분의 1 수준)에 10×15m의 넓이를 차지했다. 전자부품이 약 10만 개에 달했고, 납땜 접합이 다섯 배나 많았고, 밤낮없이 벌겋게 타오르는 전기토스터 60개만큼의 전기를 먹어치웠다.[1] 하지만 성능은 제법이었다. 인간컴퓨터(계산용 자로 무장한 수학자)가 한 번에 40시간 걸리는 탄도 계산을 부시의 애널라이저는 30분 만에 해냈는데, 에니악은 이 계산 속도를 대폭 줄여서 초당 최대 5,000회의 간단한 덧셈과 뺄셈을 수행했다. 에니악은 사람이 계산하면 약 100년이 필요할 것으로 추정되는 핵물리학 문제를 단 2주(실제 계산 시간은 2시간이었지만, 프로그래밍과 결과 분석에 14일이 걸렸다) 만에 해치웠다.[2]

디지털 기술은 어떻게 작동할까?

휴대폰과 아이팟부터 계산기와 컴퓨터에 이르기까지 모든 디지털 기기의 핵심은 (연속적으로 변하는) 아날로그 신호를 (0 또는 1로 표현하는) 디지털 신호로, 다시 반대로 변환하는 기술에 있다. 사람의 키나 몸무게는 쉽다. 하나의 간단한 수량으로 표현되니까. 그런데 〈모나리자Mona Lisa〉를 '측정'할 때는? 어떻게 그림을 컴퓨터에 저장 가능한 디지털 이미지로 바꿀까?

우선, 그림이 한 개의 숫자로 바뀔 리는 없다. 수백만 개의 숫자로 변환된다. 이 과정을 샘플링이라고 한다. 정보 뭉치를 작은 덩어리들로 나누고, 각각의 덩어리를 측정하고, 그 측정값을 숫자로 바꾸고, 그 숫자들을 모두 줄줄이 엮는 것을 의미한다. 이 방법으로 〈모나리자〉를 예컨대 1,000개의 행과 1,000개의 열로 또는 100만 개의 사각형으로 나누고, 각 사각형의 평균 색상과 밝기를 측정해서 (둘 다에 숫자를 부여한 후) 그 측정값들을 상하좌우로 차례대로 배열한다. 즉 한 장의 사진을 200만 개 숫자로 구성된 하나의 패턴으로 (또는 200만 개의 조각으로 구성된 하나의 숫자로) 바꾸는 것이다. 이렇게 하면 이미지를 컴퓨터에 저장하거나 휴대폰으로 보내기가 상대적으로 쉬워진다. 이렇게 아날로그 사진을 온-오프 이진법 숫자(비트)의 격자 패턴으로 만드는 포맷(저장방식)을 전문용어로 비트맵bit map이라고 한다.

디지털카메라와 MP3 플레이어에서 이 샘플링이 어떻게 작동하는지 살펴보자.

디지털카메라

구식(아날로그) 카메라에는 렌즈와 셔터가 있다. 이것이 짧게 여닫히면서 밀폐된 카메라 내부로 빛이 들어와 은 기반 화학물질로 코팅된 플라스틱 필름이 빛에 '노출'된다. 빛은 이 물질을 미세한 은조각들로 바꾸고 조각들이 한데 뭉친다. 그래서 피사체의 밝은 부분은 필름에 어둡게, 어두운 부분은 밝게 맺힌다. 다시 말해 사진은 명암이 반전된 상태로 시작한다. 이 원본 필름을 우리는 '네거티브'라고 한다. 네거티브 필름을 인화하면 피사체의 명암이 다시 반전되고, 따라서 '포지티브' 필름에는 피사체가 원래대로 나온다.

디지털카메라는 전하결합소자charge-coupled device, CCD라는 빛에 민감한 칩을 이용해 완전히 다른 방식으로 작동한다. 플라스틱 필름이 빛에 노출돼 물체의 연속적 아날로그 표현을 만드는 것과 달리, CCD는 픽셀(pixel, 화소)이라 불리는 수백만 개의 감광 '칸'으로 나뉘어 있고 각 칸

이미지 샘플링 방식 〈모나리자〉를 다섯 가지 해상도로 샘플링한 것이다. 픽셀 수가 많을수록 이미지가 더 또렷하다는 것을 알 수 있다. 맨 왼쪽 이미지는 단지 10×15=150픽셀로 만든 것이다. 무슨 그림인지 추측해보라고 하면 여러분은 눈을 가늘게 뜨고 기억에 의존해서 (그리고 정황상 유명한 그림일 거라는 짐작하에) 답을 맞힐 가능성이 높다. 왼쪽에서 두 번째 이미지는 20×30=600픽셀인데 눈을 가늘게 뜨면 쉽게 알아볼 수 있다. 나머지 이미지들은 갈수록 더 많은 픽셀을 포함하지만, 그렇다고 그림에 대해 더 많은 정보를 제공하지는 않는다. 예를 들어 한가운데 이미지는 40×60=2,400픽셀이고, 맨 오른쪽은 600×900=54만 픽셀(0.5메가픽셀)로 225배나 많다. 하지만 한가운데 사진보다 225배 더 많은 정보를 제공하지는 않는다. 이것이 샘플링이 유용한 이유다. 우리 뇌는 부족한 부분을 잘 채운다. 이미지를 적은 수의 픽셀에 욱여넣는 수학적 요술을 압축compression이라고 한다. 압축 과정은 잉여 정보를 버리는 과정이다. 이렇게 압축된 정보는 복원할 수 없기 때문에 비가역 압축lossy compression이라고도 한다. (예를 들어 디지털카메라로 찍은 이미지 파일을 JPG로 저장하면 비가역 손실 압축이 일어난다.) 사진을 저장할 때 저장 품질을 선택하는 것은 압축 정도를 선택하는 것이다.

이 떨어지는 빛을 측정해서 숫자를 생성하는 방식으로 아날로그 이미지를 디지털 사진으로 자동 변환한다.

MP3 플레이어

디지털카메라는 CCD를 이용해 공간(피사체가 있는 영역과 그 주변 영역)을 샘플링하는 방법으로 사진을 만든다. 반면 MP3 음악 파일을 만드는 녹음 장비는 일정 시간 동안 소리를 반복적으로 측정하는 방법으로 소리를 샘플링한다. 구식 레코드판을 다운로드가 가능한 MP3 파일로 바꾸고 싶다면? 스피커 앞에 마이크를 대고 레코드판을 트는 방법이 있다. 마이크를 컴퓨터에 연결하면 스피커에서 재생되는 아날로그 음파를 잡아낼 수 있다. 적절한 인코딩 소프트웨어와 전자회로가 있으면 이 소리를 초당 약 44,000회의 빈도로 반복 측정해서 숫자로 변환할 수 있다. 아마존이나 애플 아이튠즈 같은 온라인 사이트에서 MP3나 M4A 포맷으로 구매하는 음악 트랙은 결국 이 숫자들의 기다란 나열에 지나지 않는다.

아날로그의 반격

아날로그든 디지털이든 복사본은 절대 원본만큼 좋을 수 없다. 정말 그럴까? 디지털 사진이 새롭던 시절, 많은 사람들이 구식(아날로그) 필름사진의 품질이 훨씬 높다고 여겼고, 그건 분명 사실이었다. 하지만 지금은 그 차이를 말하기가 불가능해졌다. 전문 사진작가들조차 배를 갈아탄 지 오래다. 요즘 디지털카메라의 샘플링 품질이 예전에 비할 수 없이 월등해졌기 때문이다. 신형 CCD에는 광센서, 다시 말해 픽셀이 수백만 개 더 많다. 10메가픽셀(1,000만 픽셀)을 자랑하는 디지털카메라에는 이미지를 약 1,000만 개의 측정 가능한 점으로 바꾸는 CCD 센서가 탑재돼 있다. CCD가 2메가픽셀에 불과한 구형 카메라와 비교하면 사진을 같은 크기로 뽑았을 때 선명함과 세밀함이 다섯 배나 높다. 흥미롭게도 온라인 검색을 해보면 구식 사진필름의 해상도가 10~50메가픽셀로 나온다. (필름 종류에 따라 픽셀 수가 다르고, 현상과 인화 과정에서 품질이 다소 떨어질 수는 있다.) 이론상 일반적인 디지털카메라는 최고 품질의 구식 아날로그 SLR을 여전히 따라가지 못한다는 뜻이다. 비록 눈으로는 차이를 구별할 수 없지만.[3]

MP3 음악 파일도 마찬가지다. 소리의 주파수와 음량을 샘플링하고 측정하는 빈도가 높을수록 디지털 녹음이 원음에 가까워지고 품질도 높아진다. 여기서 문제는 샘플링과 측정의 빈도가 늘어나면 디지털 파일의 용

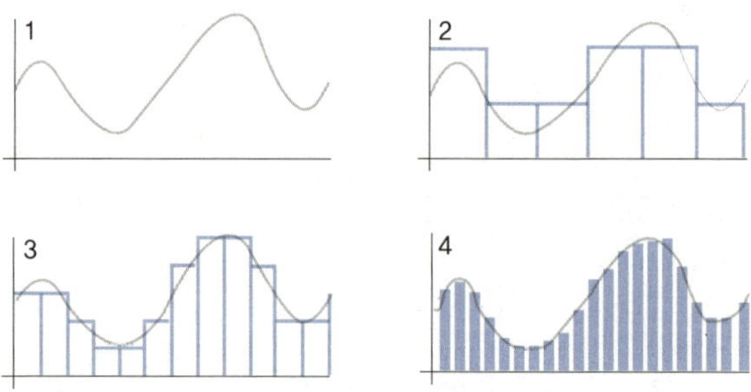

음악 샘플링 방식 1. 약 6초간 이어지는 아날로그 원음(점선그래프의 점선)이 있다고 가정하자. 이 소리를 디지털 파일로 전환하려면 샘플링 과정이 필요하다. 다시 말해 그래프의 높이를 반복적으로 측정하고 각각의 측정값을 숫자로 변환해야 한다. 2. 만약 1초마다 샘플링한다면 여섯 개의 측정값이 얻어진다. 하지만 이때 원음에 대한 디지털 근사치는 매우 투박하다(막대그래프). 3. 그럼 측정 빈도를 두 배로 높여보자. 보다 정밀한 근사치가 얻어진다. 하지만 저장할 데이터도 두 배로 늘어난다. (12개 막대가 12개 측정값을 나타낸다.) 4. 샘플링 횟수를 다시 두 배로 늘려보자. 원음에 훨씬 더 충실하게 표현되지만 여전히 일부 디테일은 누락된다. 이번에는 24개의 측정값이 생기기 때문에 이번 디지털 음악 파일은 처음의 투박한 샘플보다 용량이 네 배 커진다. 간단히 말해 샘플의 품질과 파일의 저장용량 사이에 선택의 문제가 발생한다.

량도 늘어난다는 것이다. 즉 높은 빈도로 샘플링된 고음질 MP3 음악 파일이 다운로드에 더 오래 걸리고 아이팟의 용량도 더 많이 잡아먹는다.

디지털이 왜 좋을까?

우리는 어째서 갑자기 디지털 기술에 열광하게 됐을까? 이 열풍은 어디서 온 걸까? 데이터란 데이터를 모두 디지털화하는 이유는? 단지 할 수 있기 때문에?

디지털화에 따르는 이점은 여러 가지다. 휴대폰으로 전화할 때 말이 숫자로 변해 날아간다. 그편이 중간에 뒤죽박죽되지 않고 또렷하게 소리를 주고받기에 유리하다. 또한 디지털 통화는 암호화를 거치기 때문에 누군가 내 말을 엿듣고 낄낄거릴 수 없다. 구식 아날로그 휴대폰의 경우 스캐너라고 부르는 간단한 장비를 이용해 공중을 날아가는 통화를 중간에 가로챌 수 있었다. 우리 대부분은 감청을 걱정할 이유가 없지만 첩보원이나 바람피우는 유명인이나 구린 데가 있는 정치인에게는 매우 중요한 문제다.[4] 디지털 정보의 또 다른 이점은 저장 공간을 많이 요하지 않는다는 것이다. 일반적인 전자책 리더기에 1,000~2,000권의 전자책이 들어간다. (페이퍼백이 꽉꽉 들어찬 선반 40개 또는 책장 다섯 개에 해당한다.) 계산의 편의를 위해 킨들 리더기에 평균 1,500권을 저장한다고 가정할 때, 미의회도서관을 채운 3,600만 권의 엄청난 장서가 얇은 킨들 2만 개에 편안하게 들어간다. 방 하나에 충분히 쌓을 수 있는 양이다(100개씩 쌓아서 200더미).[5] 거기다 킨들의 대부분은 화면과 배터리와 플라스틱 케이스이고, 진짜 중요한 메모리칩은 내부 공간의 극히 일부만 차지한다. 여기서 끝이 아니다. 서류가방 크기의 40테라바이트(40조 바이트 또는 4만 기가바이트)짜리 메모리 드라이브 하나면 도서관 하나가 몽땅 들어간다.

음악도 마찬가지다. 아니, 음악은 더 효과적으로 압축된다. MP3 '손실' 압축 덕분에 CD 500개 분의 음악을 아이팟에 담아 주머니에 넣어 다닐 수 있다. 사진에도 같은 마술이 적용된다. 500~1,000장의 디지털 사진이 우표 크기의 SD 메모리 카드에 가볍게 들어간다. (구식 필름카메라의 경우 사진필름 한 통당 사진을 24~32장밖에 찍을 수 없었다. 사진이 원하는 만큼 멋지게 나올 때까지 계속 찍은 다음 나머지는 버릴 수 있는 디지털카메라는 사진 찍기의 기법과 경험 자체를 바꿔놓았다.) 디지털 정보가 차지하는 공간이 적을수록 인터넷 서핑 속도가 빨라진다. 디지털 사진을 눈 깜짝할 사이에 친구에게 이메일로 전송할 수 있고, 1분도 안 되는 시간에 전자책과 음악앨범을 통째로 다운로드할 수 있다.

대개의 전화 통화는 경로의 전체 또는 일부 구간에서 사람 머리카락보다 5~10배 얇은 광섬유 케이블을 통해 전송된다. (섬유 한 올이 동시에 약 2만 건의 통화를 나르기 때문에 케이블 전체로 보면 한꺼번에 수백만 통화를 전달한다.) 이게 어떻게 가능할까? 디지털 정보는 아날로그 기술로는 불가능한 방식으로 압축될 수 있기 때문이다. 아날로그 통화는 음성을 구성하는 모든 것을, 기본 음파 속의 휴지休止와 반복까지 모두 충실히 전송해야 하지만, 디지털 통화는 압축 기술을 이용해 이것들을 영리하게 부호화해서 극히 적은 공간과 시간만으로 순식간에 전송한다. TV 프로그램을 스트리밍할 때(인터넷에서 실시간으로 시청할 때)를 생각해보자. 배우들이 빨리 걷거나 엔딩크레디트가 올라갈 때 가끔 화면이 경련하는 현상을 느낀 적이 있을 거다. 고도로 압축된 동영상을 다운로딩하고 있기 때문이다. 압축 과정에서 빠른 동작을 매끄럽고 자연스럽게 재생하는 데 필요한 정보가 일부 삭제된 탓이다.

디지털 정보의 또 다른 이점은 디지털화된 정보는 각종 방식으로 편집하기 쉽다는 것이다. 많은 사람이 컴퓨터그래픽 프로그램을 이용해 디지털 사진을 보정하거나, 이미지에 단어를 추가해 카드처럼 꾸미거나, 인터넷 밈meme을 만들어낸다. 샘플링이 디지털 정보의 품질을 떨어뜨리는 건 사실이지

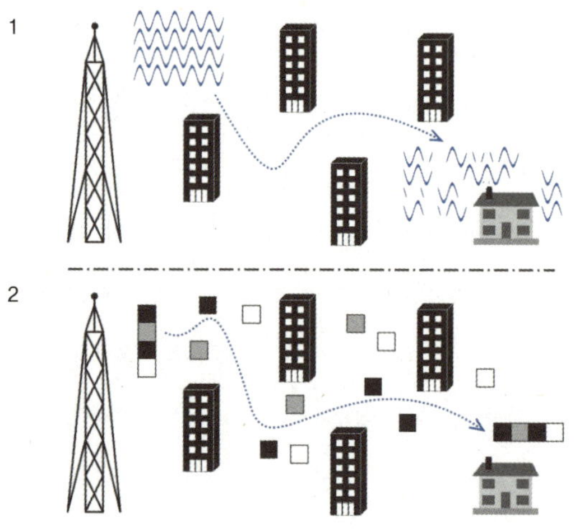

디지털 라디오와 TV의 장점 1. 구식 방송의 경우, 송신탑에서 신호가 증폭된다. 하지만 원래 사진이나 소리와 매우 유사한 상태로 전파를 타고 그대로 전송된다. 그러다 일부는 중간에 유실되기 때문에 각 가정에는 치직대는 질 나쁜 신호가 도착한다. 2. 디지털 TV의 경우, 신호가 숫자코드로 변환되고 작은 조각들(검은색, 흰색, 회색 네모들)로 분할되고 여러 번에 걸쳐 전송된다. 일부 조각들은 유실되지만 충분한 수가 각 가정에 도착해서 원래의 신호를 훌륭히 재생한다. 하지만 디지털 TV는 완벽하지 않다. 유실되는 조각이 많으면 신호 전체가 날아간다. 이에 비해 아날로그 TV는 신호에 느리고 꾸준한 질적 저하가 일어나기 때문에 화면에 눈이 내리고 비가 내리는 현상이 발생할지언정 신호가 완전히 끊기지는 않는다.

만 항상 단점으로 작용하지는 않는다. 디지털 라디오와 TV는 구식 아날로그 방송을 괴롭혔던 전파 방해를 겪지 않기 때문에 신호가 딱딱 끊기고 치직대고 튀는 현상이 없다.

디지털 딜레마

그렇다고 디지털 기술에 부정적인 면이 없는 것은 아니다. 오히려 꽤 된다.

표절의 온상

무엇보다 저작권 문제가 첨예하다. 음악 산업이 이미 쓴맛을 봤다시피 일단 음악이 디지털화되고 MP3 형태로 변환되면, 사람들이 온라인에서 무료로 공유하는 것을 막을 도리가 없어진다. 디지털 음원을 배포하는 아이튠즈 같은 온라인 미디어는 이 문제에 대한 타개책으로 두 가지 방법을 시도했다. 첫째, 디지털 음원의 가격을 비교적 저렴하게 책정하고, 원치 않는 곡들이 포함된 비싼 앨범을 통째로 구매하는 대신 원하는 곡만 개별적으로 구매할 수 있게 해서 음원 불법 복제의 주된 이유 중 하나를 없앴다. 음악이 충분히 싸다면 사람들이 구매를 마다하지 않을 테니까. 적어도 이론적으로는 그렇다. 둘째, 주로 다국적 미디어 기업들의 피해를 막기 위해 아이튠즈는 음원을 특수 코드로 잠가서 너무 많은 사람이 공유하지 못하게 하는 디지털 저작권 관리Digital Rights Management, DRM라는 기술을 적용했다.[6] DRM은 디지털 콘텐츠를 암호화해 정상적으로 구매한 사람만 사용할 수 있게 하는 솔루션이다. 음악뿐 아니라 전자책, 영화, 컴퓨터 프로그램 등도 같은 방법으로 보호받는다.

이론적으로 DRM 파일은 합법적 구매자만 재생할 수 있게 암호화돼 있다. 하지만 실제로는 5분이면 다운로드와 설치가 가능한 해킹 소프트웨어를 동원해 쉽게 암호를 제거할 수 있다. 물론 불법이다.[7] 사람들은 불법 복제와 온라인 파일 공유의 문제를 괴짜들의 끝없는 줄다리기 싸움으로 본다. 한편에는 다국적 기업에 고용돼 더 정교한 DRM 시스템을 한없이 고안해내는 고임금 괴짜들이 있고, 다른 한편에는 리버스 엔지니어링(reverse engineering, 이미 만들어진 시스템을 해체, 분석해서 구조와 설계를 알아내는 기술)으로 상대의 일을 헛수고로 돌리고 DRM을 허울뿐인 대책으로 만드는 저임금 괴짜들이 있다. 이 문제의 중심에는 구글 같은 기업이 있다. 이들은 저작권자들이 문제를 제기할 경우 해적판 단속 수준의 법적 의무만 겨우 준수할 뿐, 결코 문제 해결에 앞장서는 모습을 보이지 않는다. 대개의 해적판들은 저작권자가 나서서 손을 쓰지 않는 한 유튜브 같은 사이트에서 무한정 돌아간다.

다시 말해 디지털화된 정보는 종류를 불문하고 불법 복제와 불법 유포로부터 보호가 불가능하다. 그 이유는? 디지털 정보를 언제든지 아날로그 정보로 되돌렸다가 DRM 없이 다시 디지털화해서 암호 없는 형태로 배포할 수 있기 때문이다.

준법정신과 양심 외에는, 사람들이 전자책을 컴퓨터에 타이핑해서 문서 파일로 만들어 친구들과 불법적으로 공유하는 것을 막을 방도가 없다. 이때 우리의 뇌와 손가락이 디지털 정보의 아날로그 변환을 수행한 셈이다. 음악 파일은 더 쉽다. 아무리 정교하게 암호화된 디지털 음악 파일도 속수무책이다. 컴퓨터의 사운드카드를 통해 음악을 재생시켜 그 아날로그 신호를 포착해서 MP3 인코더로 다시 라우팅하면 원본 MP3와 진배없는 음질에다 시원하게 암호가 풀린 MP3 파일이 얻어진다. 시간도 얼마 걸리지 않는다. 음악을 듣는 데 걸리는 시간에 인코딩에 걸리는 1분 정도만 투자하면 된다. 아마 다 합쳐서 5분 정도?[8]

품질의 문제

해적판 복사본은 완벽하지 않을 때가 많다. 애초에 MP3 자체가 완벽하지 않아서다. 앞서 그래프로 설명했듯 샘플링을 거친 디지털 음악 파일은 원본의 일부가 누락돼 있다. 엄밀히 말해 원본 아날로그 트랙의 근사치에 불과하다.[9]

그럼 MP3 파일은 원본과 얼마나 다를까? CD의 해당 트랙과 비교하면 감이 온다. CD(compact disc, 음악 등의 디지털 정보를 저장하는 광학 매체)는 피트pit라는 미세돌기들을 이용해 음악을 저장한다. 피트는 나선형 홈을 이루고, 이 홈이 디스크 안쪽에서 바깥쪽으로(LP 레코드판과 반대 방향으로) 착착 풀리면서 음악이 재생된다. 일반적으로 CD 하나에 약 30억 개의 피트가 있고, 각각의 폭은 약 600nm(원자 너비의 2,000배 정도)다. 피트 홈을 한 가닥으로 완전히 풀면 약 6km에 이른다. 끝에서 끝까지 걸으면 꼬박 1시간이 걸리는 길이다. 10트랙짜리 CD의 경우 트랙마다 3억 개의 피트가 있다는 뜻이다. CD에 저장되는 데이터양이 1피트에 1비트라고 가정할 때 3억 개의 이진법 숫자로 4분 분량의 고품질 사운드를 부호화해야 한다. 가능할까? 다만 이 점을 기억하자. CD의 각 트랙은 약 60MB(메가바이트)를 차지한다. MP3 포맷으로 변환된 트랙은 약 6MB만 차지한다. 다시 말해 CD를 '털어서' MP3를 만들면 디지털 정보의 양이 10:1로 확 줄어든다. MP3 앨범은 CD의 디지털 트랙을 왕창 압축한 버전이며, 따라서 원본 아날로그 사운드의 근사치에 불과하다. 이렇기 때문에 음악을 CD로 구입해서 MP3 파일로 만드는 것이 비슷한 가격의 MP3 버전을 사는 것보다 낫다. 밖에서는 간편하게 MP3를 가지고 다니고 집에서는 언제든지 더 높은 품질의 음악도 즐길 수 있으니까.[10]

취약한 보존성

6세기 전인 1450년대에 서양 최초의 금속활자로 찍은 《구텐베르크 성경》이 아직 48권 현존한다. 그 가치는 값을 매길 수 없을 만큼 어마어마하다.[11] 하지만 1973년 최초의 휴대전화 통화 기록, 1971년 레이 톰린슨Ray Tomlinson이 최초로 보냈다는 이메일, 최초의 SMS 문자메시지는 아무도 전하지 않는다.[12] 1980년대에 생성되고 플로피디스크나 자기테이프에 저장됐던 방대한 디지털 데이터는 쓰레기 매립지로 사라진 지 오래고, 거기서도 벌레도 먹지 않는 애물단지 신세다.

내가 좋아하는 사례가 있다. 1980년대에 있었던 BBC의 〈둠스데이 프로젝트Domesday Project〉다. 역사적인 《둠스데이 북(Domesday Book, 1086년 영국과 웨일스의 토지 이용과 소유권을 대대적으로 조사해 기록한 문헌)》 탄생 900주년을 맞아 후손을 위해 1980년대 영국의 삶을 디지털 정보로 저장하자는 취지의 프로젝트였다. BBC는 14,000개의 영국 학교를 동원해 그들의 지역사회에 대한 꼼꼼하고 세세한 기록을 모았고, 그 결과 148,000페이지가 넘는 텍스트와 23,000장의 사진으로 구성된 거대한 데이터베이스가 만들어졌다. 문제는 BBC가 결과물을 당시는 첨단이었던 큼지막한 레이저디스크(DVD에 앞서 개발된 거대한 대용량 비디오 CD)에 저장한 것이다. 레이저디스크는 급속히 퇴물이 됐다. 오늘날 1086년의 원본 《둠스데이 북》을 열람할 수 있는 유일한 장소는 런던의 국립문서보관소UK National Archives다. 최근까지는 그곳이 (실패한 디지털 기술 덕분에) 1986년의 BBC 《둠스데이 북》을 열람할 수 있는 유일한 곳이기도 했다. 다행히 지금은 프로젝트의 일부가 복구돼 웹으로 이전했다.[13]

웃기면서 씁쓸한 해프닝이다. 자신의 디지털 커뮤니케이션 경험을 생각해보자. 우리는 친구와 친척에게 받은 편지나 생일카드는 소중히 간직한다. 하지만 이메일은 얼마나 저장하고 있나? 간직하고 싶기는 한가? 미국 리서치회사 라디카티 그룹Radicati Group의 설문조사에 따르면, 사업가들은 하루에만 평균 110통의 이메일을 주고받는다. 평생 일하면서 주고받는 이메일만 100만 통이 넘는다는 뜻이다.[14]

아날로그 시대에 비하면 확실히 정보는 쉽게 생성되고 쉽게 버려지는 일회성 소모품이 됐다. 우리는 지금도 말하기 전에 생각한다. 하지만 이메일, 문자, 트윗을 날리기 전에 우리가 과연 뇌를 쓴다고 할 수 있을까? 21세기의 방대한 온라인 쌍방향 잡담 기록이 그것을 만들어낸 사람들만큼이나 빨리 무위로 사라진다 해도 누구 하나 섭섭해하기는 할까? 아날로그 잡담이 싸다면 디지털 채팅은 더 싸구려다. 더 일회성이고 훨씬 더 무의미하다. 현대의 삶은 디지털로 행해지고 적힌다. 그런데 그게 딱히 더 나은 방법일까? 숫자로 그리는 그림이 예술의 의미 있는 반영이 될 수 없듯, 숫자로 적히는 삶도 실생활의 진정한 반영은 아닐지 모른다.

다음은 본문에 위첨자 숫자로 표시한 부분에 대한 주와 참고문헌이다. 지면의 제약으로 참고문헌(웹페이지 포함)을 모두 명기하지 못했다. 전체 참조 목록은 내 웹사이트 www.chriswoodford.com/atoms.html 에 있다.

들어가는 글

1. 아인슈타인의 생애에 관한 내용은 다음의 전기를 참고했다. Isaacson, W.(2007), *Einstein: His Life and Universe*(Simon & Schuster, New York). 고등학교 중퇴는 23쪽, 공대 낙방은 25쪽, 취업에 고전한 내용은 58~65쪽에 있다.
2. 여기 인용한 여론조사 통계는 미국과 영국 양국의 자료이다.

1. 세상 모든 것의 재료

1. 미국 아르곤 국립연구소Argonne National Laboratory의 웹사이트Ask a Scientist에 올라온 두 가지 답변에 따르면, 구름의 부피는 일반적으로 수십억 세제곱미터에 이른다. 1세제곱미터당 물 함량을 약 0.3g으로 가정할 때, 구름 속 물의 양은 수십만에서 수백만 리터에 이른다는 계산이 나온다. 구름의 물 함량에 대한 수치는 다음의 자료에서 얻었다. Linacre, E. & Geerts, B. Cloud Liquid Water Content, Drop Sizes, and Number of Droplets, www-das.uwyo.edu/~geerts/ cwx/notes/chap08/moist_cloud.html.

2. 케임브리지대학교 물리학과의 캐번디시연구소Cavendish Laboratory
가 J. J. 톰슨의 1897년 실험에 대한 간단명료한 개요를 제공한다.
다음 자료를 참조하기 바란다. Cambridge Physics: Discovery of
the Electron, www.outreach.phy.cam.ac.uk/camphy/electron/
electron_index.htm.

3. 톰슨의 손자 데이비드가 전하는 일화다. 출처는 다음과 같다. Davis,
E. & Falconer, I.(1997), *J. J. Thomson and the Discovery of the
Electron*(Taylor & Francis, London).

4. 이는 노벨상과 바꾼 희생이자 인류를 위한 숭고한 희생이었다. 퀴리
와 그녀의 남편 피에르는 1903년 이 업적으로 베크렐과 함께 노벨
물리학상을 공동수상했다. 다음 자료를 참조하기 바란다. The Nobel
Prize in Physics 1903, www.nobelprize.org/nobel_prizes/
physics/laureates/1903/.

5. Movie of the Week: Madame Curie, *LIFE*, 1943년 12월 13일, pp.
118~122.

6. 캘리포니아대학교 버클리캠퍼스 물리학과 교수 리처드 멀러Richard
Muller는 50년 동안 콜로라도 덴버의 자연방사능 수치가 살짝만 높아
져도 "암으로 인한 추가 사망자가 4,800명에 이를 것으로 추산했다.
이는 체르노빌 원전 사고로 예상되는 추가 사망보다 많은 수치다!"
다음 자료를 참조하기 바란다. Muller, R.(2008), *Physics for Future
Presidents*(W. W. Norton, New York), p. 117.

7. Gleason, S.(1955), Finding Uranium in the Dark. *Popular
Science*, 1955년 7월호, p. 71.

8. Schoolboy, 13, Creates Nuclear Fusion in Penwortham. BBC
News, 2014년 3월 5일.

9. CMS 검출기에서 기록된 7TeV(테라전자볼트)의 양성자-양성자 충
돌로 CERN에서 100개 이상의 하전입자를 생성하는 이미지. 출처:

cds.cern.ch/record/1293117. 이 도판의 저작권은 ⓒ CERN 2010에 있으며, '교육과 정보 제공 용도로 사용을 허가하는' CERN의 저작권 조건에 따라 본서에 게재됐다.

10. 원자물리학을 처음 접하는 사람이라면 그 출발선으로 로렌스버클리국립연구소Lawrence Berkeley National Laboratory, LBNL의 파티클 데이터 그룹Particle Data Group이 만든 훌륭한 웹사이트를 추천한다. www.particleadventure.org/.

11. 다음의 자료에 따르면, 우라늄-235 235g, 즉 우라늄-235의 1몰(mole, 그램분자)에는 6×10^{23}개의 원자가 있고, 각각의 원자가 쪼개지면서 약 3.2×10^{-11}J의 에너지를 방출한다. Sowerby, Kaye & Laby, Tables of Physical and Chemical Constants, www.kayelaby.npl.co.uk/. 따라서 우라늄-235 235g은 약 20조 J, 우라늄 1g은 약 100GJ(기가줄, 1초에 일어난다면 100GW)의 에너지를 생산한다.

12. 이런 종류의 원자 배열을 밀집구조close-packing라고 한다. 철 같은 금속은 대개 체심입방구조body-centred cubic structure, BCC라는 결정 구조를 가진다. 원자 여덟 개가 꼭짓점들을 만들고 한 개가 그 중심에 자리해서 육면체를 이루며 쌓이는 배열을 말한다. 각각의 육면체를 '단위세포unit cell'라고 부르며, 이것들이 3차원 패턴 벽지처럼 계속 반복된다.

13. 쓰레기 매립지에서 박테리아가 쓰레기를 소화하듯, 해양 박테리아도 같은 일을 해낼 수 있다는 증거가 있다. 다음 자료를 참고하기 바란다. Zaikab, G.(2011), Marine Microbes Digest Plastic, www.nature.com(검색일: 2011년 3월 28일).

14. 1938년 10월 27일, 최초의 합성 플라스틱 섬유인 나일론이 출시됐다. 그 전에 이미 플라스틱 제품들이 있었지만, 나일론의 등장은 현대 플라스틱 시대의 진정한 시작을 알렸다.

15. 이 그래표의 수치들은 부득이 대략적 표시에 불과하다. 다음 자료들을 포함한 여러 다양한 출처에서 수집한 내용을 토대로 구성한 것이다. Household Waste – That's Garbage!, Michigan Waste Stewardship Program, www.miwaterstewardship.org/; Save Our Beach, www.saveourbeach.org; Surfers Against Sewage(2010), Motivocean: Marine Litter: Your Guide(Surfers Against Sewage, St Agnes, Cornwall).

16. 다음 웹사이트를 참고하기 바란다. www.explainthatstuff.com/kevlar.html.

2. 스파이더맨의 정체

1. Vollmer, M. & Möllmann, K.(2013), Is There a Maximum Size of Water Drops in Nature? *Physics Teacher*, 51, p. 400.

2. 인접한 분자들 사이에서 작용하는 약한 근거리 정전기력을 네덜란드 물리학자 요하네스 판데르 발스Johannes van der Waals, 1837~1923의 이름을 따서 판데르발스 힘이라고 한다. 다음 자료를 참고하기 바란다. Johannes Diderik van der Waals: Biographical: The Nobel Prize in Physics 1910, nobelprize.org/nobel_prizes/physics/laureates/1910.

3. 물 18g 안에 6×10^{23}개의 분자가 있으므로 물 0.1g에는 3×10^{21}개의 분자가 있다. 아주 실한 물방울이다. 물론 접착제 분자가 물 분자보다 훨씬 크고 무겁겠지만, 접착제 한 방울에 수조 개의 분자가 있을 거라는 짐작은 충분히 가능하다.

4. 다음 자료에 따르면 한 방울이 약 23N(2.3kg)을 지탱할 수 있다. *Science X Network*, 2013년 12월 12일, Nature's Strongest Glue Could be Used as a Medical Adhesive. phys.org 참조. 같은 기사에 카울로박터 크레센투스의 접착력에 대한 내용도 있다.

5. Sticky Moments in 21 Years of Superglue. BBC News, 1998년 10월 21일.

6. Silver, S. et al.(1975), US Patent 3,922,464: Removable Pressure-Sensitive Adhesive Sheet Material. 1975년 11월 25일.

7. 다음 자료에 따르면, 해당 물질의 입자 크기는 25~45미크론(μ)이며, 이에 비해 기존 접착제의 경우는 0.1~2.0미크론이다. Karukstis, K. & Van Hecke, G.(2003), *Chemistry Connections: The Chemical Basis of Everyday Phenomena*(Academic Press, New York), p. 214.

8. 다음 자료에 따르면 "이런 힘들은 너무 작아서 원자 4~5개를 붙여 놓은 정도의 거리만 생겨도 없어지다시피 한다." Hecht, E.(1998), *Physics Algebra/Trig*(Brooks/Cole, Pacific Grove, CA), p. 114.

9. '10억 개의 털'이란 표현은 다음 자료에서 인용했다. Ruibal, R. & Ernst, V.(1965), The Structure of the Digital Setae of Lizards. *Journal of Morphology*, 117, pp. 271~294. 도마뱀붙이에 대한 자세한 내용은 다음 논문을 참조하기 바란다. Huber, G. et al.(2005), Evidence For Capillarity Contributions to Gecko Adhesion from Single Spatula Nanomechanical Measurements. *Proceedings of the National. Academy of Sciences*, 102, pp. 16293~16296.

10. Physics.org(www.physics.org/facts/gecko-really.asp)에 따르면, 몸무게 약 150g의 도마뱀붙이 한 마리가 약 40kg의 무게를 지탱한다. 자기 몸무게의 267배를 지탱하는 셈이다. 몸무게 75kg의 사람에게 정확히 같은 능력이 있다면 혼자 약 2만kg(20톤)을 나를 수 있다는 의미다. 보다 정확한 계산을 위해서는 도마뱀붙이의 발과 사람 손발의 상대적 크기를 고려하고, 사람의 경우 몸이 천장과 접촉하는 면적이 상대적으로 적다는 사실을 감안해야 한다.

11. Researchers Take Advice from Carnivorous Plant. From Harvard School of Engineering and Applied Sciences(2011년 9월 21일 뉴스), www.seas.harvard.edu/news 참조.

12. 컬링 같은 빙상 스포츠의 흥미로운 물리학에 관심 있다면 다음 웹 사이트를 참조하기 바란다. sportsnscience.utah.edu/curling-frictiontechnical/.

13. 다음의 유튜브 링크에서 BBC 시리즈 〈Fun to Imagine〉에서 파인먼이 얼음의 미끄러움을 설명하는 것을 직접 볼 수 있다. bit.ly/1wLEk9j. 여기서 파인먼은 '그들에 따르면'이라는 전략적 표현을 통해 남의 이론에 대한 책임을 아주 깔끔하게 피해간다.

14. 다음 자료에서 설명된 이론이다. Somorjai, G. & van Hove, M., Getting a Grip on Ice. *Science*, 1996년 12월 9일, news.sciencemag.org/technology.

3. 유리가 맑고 투명한 이유

1. 다음 문헌은 유리의 기원을 기원전 3500~5000년으로 잡는다. Le Bourhis, E.(2008), *Glass*(Wiley-VCH, Weinheim), p. 29.

2. 다음 자료를 참조하기 바란다. Fosbroke, T.(1843), *Encyclopaedia of Antiquities and Elements of Archaeology, Classical and Mediaeval*(M. A. Nattali, London), Volume 1. "벡먼Beckman에 따르면 세네카의 시대에는 투명한 창문이 매우 진기한 것이었다. 한편 스텁스Stubbs는 석재와 유리로 만든 창문을 736년 우스터 주교 울프리드Wulfrid가 처음 도입했다고 본다."

3. 다음 문헌의 '유리 착색Pigmenting glass' 섹션을 참조하길 바란다. Langhamer, A.(2003), *The Legend of Bohemian Glass: A Thousand Years of Glassmaking in the Heart of Europe*(Tigris, Czech Republic).

4. Szasz, F.(2006), 'J. Robert Oppenheimer and the State of New Mexico', Kelly, C.(ed.) (2006), *Oppenheimer and the Manhattan Project*(World Scientific, Singapore).

5. 자세한 내용은 다음 문헌을 참조하길 바란다. Zallen, R.(2008), *The Physics of Amorphous Solids*(John Wiley & Sons, Weinheim). "비결정성 고체는 입자들의 배열이 불규칙해서 이른바 장거리 질서가 존재하지 않는다."

6. Debennetti, P. & Stanley, H.(2003), Supercooled and Glassy Water. *Physics Today*, 2003년 6월, p. 40. "유리 같은 비결정질 물이 아마 우주에서 가장 흔한 물의 형태일 것이다. 성간먼지에 앉은 성에로 관측되고, 혜성의 대부분을 구성하는 것이기도 하며, 행성 활동과 관계된 현상에 중요한 역할을 하는 물질로 추정된다."

7. Szczepanowska, H.(2013), *Conservation of Cultural Heritage: Key Principles and Approaches*(Routledge, London). '유리에 대한 헛소문들Myths about glass' 섹션은 로버트 브릴Robert Brill 박사의 말을 인용해 다음과 같이 지적한다. "유리의 점도는 금속 납보다 10억 배는 높기 때문에 납이 스테인드글라스 창문에서 흘러내리는 것을 볼 일은 결코 없다."

8. 재료과학용어로 유리는 파괴 인성fracture toughness과 파열 강도work of fracture가 낮다. 둘은 연관성은 있지만 다른 개념으로, 물질에 균열이 퍼지게 하는 데 얼마의 에너지가 드는지를 나타내는 측정단위이다. 들어오는 에너지는 어딘가로 가야 한다. 만약 그 에너지가 물질에 변형을 일으키지 못하면 대신 물질이 부서진다. 풍선의 파열 강도는 지극히 낮아서 작은 바늘 끝으로도 순식간에 균열을 퍼뜨려 풍선을 요란하게 터뜨릴 수 있다.

9. 다음 자료를 참조하기 바란다. 'Coefficients of Cubical Expansion of Solids' in *Lange's Handbook of Chemistry*(1979, McGraw-

Hill, New York).

10. 유리의 밀도는 약 2,500kg/m³이므로, 유리 1m³의 무게는 2.5톤이다.

11. 이는 본질적으로 물리학의 밴드 갭band-gap 이론에 해당하며, 다음 자료에 잘 요약돼 있다. Smallman, R. & Bishop, R.(1999), *Modern Physical Metallurgy and Materials Engineering: Science, Process, Applications*(Butterworth- Heinemann, Oxford), p. 195.

12. McCollough, F.(2008), *Complete Guide to High Dynamic Range Digital Photography*(Lark Books, New York), p. 13. 이 자료에 따르면 화창한 하늘의 경우 제곱미터당 평균 칸델라 광도는 약 10만이며, 이에 비해 실내의 경우는 약 50칸델라에 불과하다.

13. 다음 자료를 참조하기 바란다. Boyd, R.(1957), Design of glass for daylighting, in *Windows and Glass in the Exterior of Buildings: A Research Correlation Conference Conducted by the Building Research Institute*(National Academies Press, Washington), p. 8.

14. 실내의 광도는 제곱미터당 약 50칸델라다(3장 미주 12 참조).

15. 전기변색 유리창에 대한 자세한 설명은 다음 자료를 참조하기 바란다. Arntz, F. et al.(1992), US Patent 5,171,413: Methods for Manufacturing Solid State Ionic Devices, 1992년 12월 15일. '전기변색 창 또는 충전식 배터리로 사용 가능한 장치'라는 첫 문장부터 두 기술 사이의 근본적 유사성이 잘 드러난다.

16. Armistead, W. & Stookey, S.(1962), US Patent 3,208,860: Phototropic Material and Article Made Therefrom. 1965년 9월 28일.

4. 모든 물질은 늙는다

1. "1928년 월터 디머Walter Diemer가 … 처음 풍선껌을 만들었다. 그는 고무나무 라텍스를 사용했다." 다음 자료를 참조하기 바란다. Mathews, J.(2009), *Chicle: The Chewing Gum of the Americas, From the Ancient Maya to William Wrigley*(University of Arizona Press, Tuczon, AZ).

2. "추잉껌에는 천연고무, (합성고무의 원료인) 스티렌-부타디엔, 또는 아세트산 비닐수지로 만든 베이스를 함유한다." Askeland, D. et al.(2010), *Essentials of Materials Science and Engineering.* Cengage Learning(Stamford, CT), p. 527.

3. 편광 선글라스가 있다면(일반 선글라스로는 되지 않는다) 노트북이나 태블릿 컴퓨터를 가지고 직접 광탄성 실험을 할 수 있다. 워드프로세싱 프로그램의 새 문서를 열고 크기를 최대화해서 컴퓨터 화면 전체가 완전히 흰색이 되게 한다. 이제 선글라스를 쓰고 아무거나 투명한 플라스틱 물체를 눈과 컴퓨터 화면 사이에 위치시킨다. 그러면 놀라운 유령처럼 환각적인 스펙트럼 색들의 향연이 펼쳐진다. 물체에 압력을 가하거나 머리를 돌리면 어떻게 될까?

4. 고든 교수는 공기 타이어의 발명이 내연기관의 발명만큼이나 중요하다고 주장한다. "만약 1830년경에 효과적인 공기 타이어가 있었다면 철도라는 중간 단계를 전혀 거치지 않고 기계적 도로 운송 단계로 직행했을지도 모른다." Gordon, J.(1978), *Structures*(Penguin, London), p. 314.

5. 강철의 탄성계수(다른 말로는 영률)는 약 20만 MPa(메가파스칼)이다. 강철 대비 고무의 탄성계수는 약 1MPa이다. Glaser, R.(2001), *Biophysics*(Springer, Berlin), p. 213.

6. Sun, J. et al.(2012), Highly stretchable and tough hydrogels. *Nature*, 489, p. 133~136.

7. 고든은 저서 《구조》(p. 54)에서 알을 밴 메뚜기의 탄성계수를 0.2MPa로 잡았다(4장 미주 4 참조). 참고로 고무의 탄성계수는 7MPa이다.

8. 다음 자료를 참조하기 바란다. Section 5.5 The Reversibility in Chandrasekaran, V.(2010), *Rubber as a Construction Material for Corrosion Protection*(John Wiley & Sons, Hoboken).

9. 얼굴 피부의 역학적 특성에 대해서는 다음 자료를 참조하기 바란다. Piérard, G. et al.(2010), Facial Skin Rheology, in Farage, M. et al.(eds), *Textbook of Aging Skin*(Springer, Heidelberg).

10. 유리의 탄성계수는 약 7만 MPa이며, 이는 유리가 강철보다 적어도 두 배는 탄성이 높다는 뜻이다.

11. 이 그림은 다음 문헌에 나오는 균열이 압박을 집중하는 방식에 대한 추상적인 그림에서 영감을 받았다. Gordon, J.(1978), *Structures*(Penguin, London), p. 66.

12. 다음 자료가 간략한 개요를 제공한다. When Metals Tire, in Levy, M. & Salvadori, M.(1992), *Why Buildings Fall Down*(W. W. Norton, New York). 보다 상세한 설명을 원한다면 다음 자료를 참조하기 바란다. Withey, P.(1966), Fatigue Failure of the De Havilland Comet I., in Jones, D.(ed). (2001), *Failure Analysis Case Studies II*(Elsevier Science, Oxford).

13. Goldsmith-Carter, G.(1969), *Sailing Ships and Sailing Craft* (Hamlyn, London).

14. 1930~50년대에 북극권을 누볐던 세인트로크St. Roch호도 탄성이 좋은 목선이었다. 세인트로크호가 어떻게 북극의 얼음바다를 이겨냈는지에 대한 설명은 다음 문헌에 잘 나와 있다. Delgado, J.(1985), *Across the Top of the World: The Quest for the Northwest Passage*(Douglas & McIntyre, Vancouver), p. 185.

15. The Polar Ship Fram, See www.frammuseum.no/.

16. 다음 문헌을 참조하기 바란다. Chapter 4: Leather Preservation, in Smith, C.(2003), *Archaeological Conservation Using Polymers: Practical Applications for Organic Artifact Stabilization*(Texas A&M University Press, College Station).

17. 보다 자세한 설명은 열변색 물질에 대한 내 논문을 참조하기 바란다. 다음 웹사이트에서 읽을 수 있다. www.explainthatstuff.com/thermochromic-materials.html.

18. Clout, L. Splendour of new Wembley fading already. *The Telegraph*, 2007년 5월 10일.

19. Pohanish, R.(2011), *Sittig's Handbook of Toxic and Hazardous Substances*(Elsevier, Oxford), p. 736.

20. Johnson, J.(2011), *Old-Time Country Wisdom and Lore: 1000s of Traditional Skills for Simple Living*(Voyageur Press, Minneapolis), p. 51.

21. 5km/s라는 수치는 NASA의 교육용 비디오 'Real World: Self Healing Materials'에서 미아 시오치Mia Siochi가 언급한 것이다. 해당 유튜브 동영상은 내 웹사이트에 링크돼 있다.

5. 배수구와 만년필의 공통점

1. The Water in You. US Geological Survey; water.usgs.gov/edu/propertyyou.html 참조.

2. 박막 간섭thin-film interference이라는 용어로 불리는 파동과학의 훌륭한 사례다. 다음 웹페이지에서 박막 간섭에 대한 모든 것을 읽을 수 있다. www.explainthatstuff.com/thin-film-interference.html.

3. 제임스 와트James Watt, 1736~1819도 같은 주장을 했지만 물의 구성을 발견한 공로는 주로 캐번디시에게 돌아간다. 다음 자료가 이에 대해

흥미롭게 논고한다. Miller, D.(2004), *Discovering Water: James Watt, Henry Cavendish, and the Nineteenth Century 'Water Controversy'*(Ashgate Publishing, Farnham).

4. Indoor Water Use in the United States. US Environment Protection Agency(EPA), www.epa.gov/watersense/pubs/indoor.html.

5. 변기물 내리기 관련 수치들은 US EPA 웹페이지(5장 미주 4 참조)에서 인용했다. 지멘스Siemens사의 세탁기 iQ300/iQ500의 수치는 마른 세탁물 1kg당 물 7l, 세탁 용량 5~7kg이다.

6. Terry, N.(2011), *Energy and Carbon Emissions: The Way We Live Today*(UIT Cambridge, Cambridge), p. 47.

7. 이 표현은 '카이사르의 마지막 숨Caesar's dying breath'이라는 해묵은 물리학 시험문제의 변주쯤 된다. '카이사르의 마지막 숨'이란, 숨을 한 번 들이마실 때 이 숨이 옛날에 죽은 로마 독재자의 마지막 숨에 있었던 공기 분자를 1개 이상 포함할 확률을 계산하라는 문제다. 계산 따위 필요 없다. 우리가 알아야 할 것은 이것이다. 물 1컵―물 1몰(mole, 18g)당 약 600,000,000,000,000,000,000,000개의 분자가 있다―에 들어 있는 분자 수가 지구의 모든 물을 컵에 담았을 때의 컵 수보다 많다. (다른 표현으로는, 한 번의 숨에 들어 있는 분자의 수가 지구 대기 전체를 들이마시는 숨 횟수보다 많다.) 마치 지구의 물처럼, 이 비유도 끝없이 돌고 돈다. 다음 문헌에도 재활용된다. Dawkins, R.(2008), *The God Delusion*(Houghton Mifflin Harcourt, New York), p. 410. 영국 생물학자 루이스 월퍼트Lewis Wolpert도 "물 한 컵에 든 분자의 수가 바닷물을 모두 담은 컵 수보다 훨씬 많다"라고 했다. 나는 이 책에서 내 몫의 재활용을 충실히 했을 뿐이다.

8. 철 1kg을 1도 올리는 데 드는 비열용량은 약 0.47kJ이며, 이는 물의

비열용량의 약 9분의 1이다. 바꿔 말하면 철 1kg보다 물 1kg을 특정 온도만큼 가열하는 데 아홉 배 더 많은 에너지가 필요하다는 뜻이다.

9. 쉽게 설명하기 위해서 가정용 중앙난방을 각각의 라디에이터가 보일러에서 차례로 온수를 공급받는 직렬회로처럼 묘사했다. 실제로 구식 시스템은 이런 식인 경우가 많았다. 하지만 신식 시스템은 온수가 라디에이터들을 하나씩 차례로 거치는 대신, 물이 갈라져서 경로를 달리해 각각의 라디에이터로 가는 훨씬 효율적인 병렬회로(가지치기) 방식으로 설계된다.

10. 니크롬(니켈과 크롬 합금) 발열소자의 작동 온도는 약 750°C다.

11. Lifting the Lid on Computer Filth. BBC News, 2004년 3월 12일; Keyboards 'Dirtier Than a Toilet. BBC News, 2008년 5월 1일.

12. 5장 미주 6 참조.

13. World Health Organization(2003), *Guidelines for Safe Recreational Water Environments Volume 1: Coastal and Fresh Waters*(WHO, Geneva), p. 45.

14. Botcharova, M.(2013), A Gripping Tale: Scientists Claim to Have Discovered Why Skin Wrinkles in Water. *The Guardian*, 2013년 1월 10일자.

15. Dyson Airblade Technical Specification: AB14, via www.dysonairblade.co.uk/hand-dryers/airblade-db/airblade-db/tech-spec.aspx.

6. 빨래의 과학

1. Bakalar, N.(2003), *Where the Germs Are: A Scientific Safari* (John Wiley, New York), p. 54.

2. Why are the British so Bad at Washing their Hands? BBC News, 2012년 10월 15일 참조.

3. Most People Washing their Hands. From Guinness World Records; www.guinnessworldrecords.com/.

4. Bakalar, N.(2003), 같은 책, p. 53.

5. 1997년도 미국 통계치는 다음 자료에서 인용했다. Carpenter, R.(1999), Laundry Detergents in the Americas: Change and Innovation as the Drivers for Growth, in Cahn, A.(ed.) (1999), *Proceedings of the 4th World Conference on Detergents: Strategies for the 21st Century*(AOCS Press, Urbana, IL). 유럽 통계치는 다음 자료에서 인용했다. Garratt, B.(2010), *The Fish Rots From The Head*(Profile Books, London).

6. Wilson, E. O.(1992), *The Diversity of Life*(Harvard University Press, Cambridge, MA), p. 142.

7. 다음 자료에 따르면, 추산치는 양의 품종에 따라 달라지지만 5,000만 개 정도가 무난한 평균치로 보인다. Cook, J.(1984), *Handbook of Textile Fibres: Natural Fibres*(Woodhead Publishing, Cambridge UK), Volume 1, p. 89.

8. '만능 용매' 발상은 먼 옛날 연금술사들의 시대로 거슬러 올라간다. 그들은 모든 것을 녹이는 가상의 물질에 알카헤스트Alkahest라는 이름을 붙이고, 이 만능 용해제라고 명명한 물질을 부질없이 추구했다. 우리가 가지고 있는 물질 중 물이 이 알카헤스트에 가장 가깝다. 다음 자료를 참조하기 바란다. Reichardt, C. & Welton, T.(2011), *Solvents and Solvent Effects in Organic Chemistry*(Wiley-VCH, Weinheim), Chapter 1.

9. 가구당 연간 5,000*l*의 물을 쓴다고 가정할 때, 100만 *l*를 쓰려면 200가구가 필요하다. 수백 가정이 쓰는 수백만 리터의 물은 대략 올림픽 규격 수영장을 채우는 양이다.

10. 세탁조(흔히 말하는 드럼)의 지름이 55cm라면 반지름은 0.225m

이고 둘레는 1.41m다. 세탁조가 1,000rpm(1분 동안의 회전 수를 나타내는 회전 속도 단위)으로 회전하는 경우 둘레는 분당 1,410m를 움직이고, 따라서 속도는 시속 85km가 된다.

11. MacKay, D.(2008), *Sustainable Energy Without the Hot Air*(UIT Press, Cambridge), p. 54.

12. 대개는 빨래의 물기가 원심력(중심에서 멀어지려는 힘)에 의해 제거된다고 말하지만, 과학 교사들은 원심력이라는 용어를 좋아하지 않아서 다른 방식으로 설명한다. 즉 세탁기 드럼이 구심력(중심을 향하는 힘)을 제공하고, 이 구심력을 받아 빨래는 계속 원을 그리며 돈다. 하지만 드럼에 구멍이 숭숭 뚫려 있기 때문에 빨래 속 수분에게는 구심력을 주는 것이 없어서 빨래의 물은 직선으로 움직이고, 결과적으로 빨래에서 분리돼 나온다.

13. 몇 년 전 영국 전역이 눈에 덮였던 12월의 어느 추운 날, 내가 직접 실험했다. 빨래의 무게를 잰 다음 밖에다 널고 매서운 동풍 속에 5시간 방치했다가 걷어서 다시 무게를 측정했다. 세탁기에서 막 꺼냈을 때는 5kg이었는데 밖에서 말린 후에는 3.5kg으로 줄어 있었다. 그것을 실내에서 완전히 말린 다음 세 번째로 무게를 쟀더니 이번에는 3kg이었다. 이를 마른 상태의 무게로 잡았을 때 실외 건조가 빨래 수분의 약 75%를 제거한 셈이다.

14. 다음 웹페이지를 참조하기 바란다. www.xeroscleaning.com/polymer-bead-cleaning/cost-benefits/.

15. 미국 환경보호국이 세탁세제의 성분과 그것들이 환경에 미치는 영향에 대한 유용한 요약을 제공한다. 다음 웹페이지를 참조하기 바란다. www.epa.gov/dfe/pubs/laundry/techfact/keychar.htm.

16. (세제뿐 아니라) 많은 화학제품에 존재하는 내분비계 교란물질 endocrine disruptors은 어류 상당 부분의 성별을 바꾼다. 미국 지질조사 독성물질 수문학 프로그램(US Geological Survey Toxic

Substances Hydrology Program, 2009년 8월 4일)에 따르면 어류의 18~22%, BBC 뉴스('Pollution changes sex of fish', 2004년 7월 10일)에 따르면 '수컷 물고기의 3분의 1, 〈워싱턴 타임스*The Washington Times*〉 보도('Pollutants in D.C. area drinking water', 2009년 11월 12일자)에 따르면 워싱턴 포토맥강의 '어류 80%'에서 성별 변화가 나타났다. 보다 자세한 설명은 다음 자료를 참조하기 바란다. Kime, D.(1998), *Endocrine Disruption in Fish*(Kluwer Academic Publishers, Norwell, MA).

7. 스웨터는 왜 따뜻할까?

1. Simpson, W. S. & Crawshaw, G. H.(eds) (2002), *Wool: Science and Technology*(Woodhead Publishing, Cambridge), p. 303.

2. 이것을 뉴턴의 냉각법칙Newton's Law of Cooling이라고 한다. 이 법칙을 가장 인상적으로 적용한 경우 중 하나가 범죄현장 감식반이 시신의 온도로 사망시간을 추정하는 것이다.

3. Plowman, S. & Smith, D.(2007), *Exercise Physiology for Health, Fitness, and Performance*(Lippincott Williams & Wilkins, Baltimore, MD), p. 418.

4. 이를 과학적 전문용어로 열 수착heat of sorption이라고 한다. 울의 과학에 대해 더 알고 싶다면 다음의 뛰어난 책자를 참조하기 바란다. Leeder, J.(1984), *Wool: Nature's Wonder Fibre*(Australasian Textiles Publishers, Ocean Grove, Victoria).

5. 스테인리스강이 170~1,000MPa을 버틸 때 울은 70~115MPa을 버틴다. Ashby, M.(2012), *Materials and the Environment: Eco-informed Material Choice*(Elsevier, Waltham, MA), pp. 466~592.

6. 다음 웹페이지를 참고하기 바란다. www.gore-tex.com/remote/

Satellite/home. 고어텍스 웹사이트에 따르면, 이 막은 "물방울보다 2만 배 작지만 수증기 분자보다는 700배 크다." 이 수치들이 물 한 방울 안에 수백만조 개의 분자가 있다는 내 추정치와 아귀가 맞지 않는다고 생각할 수 있다. 알려진 바에 따르면 고어텍스의 비교치는 면적이나 부피가 아니라 일차원적 규격을 비교한 것이다. 무엇보다 물방울의 크기는 매우 다양하다는 것을 기억하자. 나는 이 책을 위해 여러 수치를 검토했고, 물방울 하나의 물 분자 수에 대한 추정치가 130조 개부터 많게는 수십억조 개에 이른다는 것을 발견했다.

7. 구조재료와 옷 사이의 놀라운 유사성 외에, 고든은 금속판도 드레스나 테이블보와 정확히 같은 방식으로(대각선으로) 찢어진다는 것을 보여준다. 이것이 제트기나 헬리콥터의 동체에 가끔 '구겨진 주름'이 보이는 이유다. 다음 자료를 참고하기 바란다. Gordon, J.(1978), *Structures*(Penguin, London), pp. 248~259. 고든도 언급했듯 바이어스 컷은 1920년대 프랑스 패션디자이너 마들렌 비오네Madeleine Vionnet, 1876~1975가 창안했다.

8. Energy Expenditure During Walking, Jogging, Running, and Swimming, in McArdle, W. et al.(2010), *Exercise Physiology: Nutrition, Energy, and Human Performance*(Lippincott Williams & Wilkins, Baltimore, MD), p. 210.

9. 자세한 설명은 다음 웹페이지를 참고하기 바란다. www.training-conditioning.com/2009/05/29/opening_the_gait/index.php.

8. 휘발유부터 전기차까지

1. 미국의 자동차 전문 미디어 〈워즈오토Ward's Auto〉가 발표한 내용이며 출처는 다음과 같다. World Vehicle Population Tops 1 Billion Units. Ward's Auto, 2011년 8월 15일, wardsauto.com/.

2. 60억이라는 숫자는 사용자나 휴대폰의 수가 아니라 SIM 카드의 수

를 기준으로 한다. 다음 기사를 참조하기 바란다. UN: Six Billion Mobile Phone Subscriptions in the World. BBC News, 2012년 10월 12일.

3. '약 10억 마리'라는 추산에 대한 출처는 Compassion in World Farming, Factsheet, Sheep(검색일: 2013년 12월 7일), www.ciwf.org.uk 참조.

4. 3,000rpm에서 3.8l 포르셰 터보는 분당 (3,000×3.8)/2 = 5,700l의 공기를 소비한다. 사이클 선수가 폐활량의 50%(5l의 50%)로 분당 약 10회 호흡하는 경우, 분당 25l의 공기만 쓴다는 뜻이다. 이와 비슷한 추산치가 다음 자료에도 인용됐다. Hammond, R.(2008), *Car Science*(Dorling Kindersley, London), p. 22.

5. 다음의 자료에 따르면, 1950년대부터 80년대까지 전성기를 누린 자동차 회사 아메리칸모터스사American Motors Corporation도 자사 자동차에 '특수 콤보(엔진, 변속기, 최종감속장치) 장착, 연료혼합/엔진 공회전 속도/점화 타이밍 조정, 배기제어장치에 대한 변경'을 포함하는 고고도 패키지를 적용한 바 있다. Cranswick, M.(2011), *The Cars of American Motors*(McFarland Publishers, Jefferson, NC), p. 187.

6. Denny, M.(2011), *Gliding for Gold: The Physics of Winter Sports*(Johns Hopkins University Press, Baltimore, MD), 'Note 10: Getting High on Speed.'

7. 일례로 포드 포커스Ford Focus의 무게는 1,800~1,900kg이다. Ford Focus: Features and Specifications. www.ford.co.uk/Cars/Focus/Featuresandspecifications 참조.

8. United States Office of Technology Assessment, Congress (1995), *Advanced Automotive Technology: Visions of a Superefficient Family Car*(Diane Publishing, Darby, PA), p. 203.

9. 연비와 관련해서는 Where the Energy Goes. US Department of Energy Office of Energy Efficiency and Renewable Energy. www.fueleconomy.gov/feg/atv.shtml 참조.

10. Professor Ferdinand Porsche Created the First Functional Hybrid Car. *Porsche*, 2011년 4월 20일. press.porsche.com/.

11. 전기차 업체 테슬라는 보통 1시간 충전에 주행거리 40km를 말한다. 하지만 테슬라의 슈퍼차저supercharger는 이보다 훨씬 편리한 30분 충전에 275km를 약속한다. Tesla Charging, at www.teslamotors.com/charging 참조.

12. 이 그래프는 세 가지 출처의 데이터를 비교해 작성했다. Energy Density: Wikipedia; Hammond, R.(2008), *Car Science*(Dorling Kindersley, London), p. 83; MacKay, D.(2008), *Sustainable Energy Without the Hot Air*(UIT Cambridge, Cambridge), p. 199.

13. 자동차 브레이크가 어디까지 뜨거워지는지에 대한 정확한 수치는 없다. 브레이크 온도는 자동차의 소재, 소재의 질량, 자동차의 주행 속도, 브레이크의 냉각 성능, 주변 온도, 날씨 등 다양한 요인에 따라 달라진다. 다만 대략적 추정치를 위해 다음 자료를 참고했다. Burt, W.(2001), *Stock Car Race Shop*(Motorbooks International, Osceola, WI), p. 199. 이 자료에 따르면 자동차 브레이크는 650°C(1,200°F)에서 '작열하기 시작한다.' 한편 다음 자료에 따르면 평균적 자동차 브레이크의 상한치는 700°C다. Stapleton, D.(2008), *The MG Midget and Austin Healey Sprite High Performance Manual*(Veloce Publishing, Dorchester), p. 124. 아울러 포뮬러 1 공식 홈페이지에 따르면 주행 속도가 극단적으로 높을 경우 브레이크 온도가 750°C에 이른다. 'Brakes', www.formula1.com/ 참조.

14. 다음 자료에 따르면, 대표적인 수치는 8~10%이고, 최대치는 17~18%다. United States Office of Technology Assessment, *Advanced Automotive Technology: Visions of a Super-efficient Family Car*(Diane Publishing, Darby, PA), p. 165. 또한 다음 자료에 따르면, 열차회사들은 회생 제동을 통해 에너지 사용량의 약 15%를 절감할 수 있다. 아울러 Drivers on Track for Greener Trains. BBC News, 2009년 10월 10일도 참조.

15. 오토바이의 경우는 더 놀라워서 타이어와 노면 사이의 접지 면적이 우표 크기에 불과하다. Dunlop(2012), Sportmax Range, www.dunlop.eu/.

9. 디지털이 세상을 바꾸다

1. 에니악과 관련해서는 Celebrating Penn Engineering History. Penn Engineering, www.seas.upenn.edu. 참조.

2. Van der Spiegel, J.(2001), ENIAC. in Rojas, R.(ed.), *Encyclopedia of Computers and Computer History*(Fitzroy Dearborn, Chicago).

3. Digital Versus Film Photography, Wikipedia.

4. 디지털 휴대폰 통화를 엿들을 수 있는 유일한 방법은 단말기에 청취 장비를 설치하거나 통신사 중계국 기기를 도청하는 것이다. 실제로 1990년대 중반부터 2000년대 중반 언론인들 사이에 휴대폰 메시지 해킹이 인기 오락거리였다. 이 사실을 아는 통신업계 친구가 언젠가 나에게 해준 말이 있다. 통신회사에는 보안과 경비가 삼엄하고 비밀 염탐 장비로 가득한 사악한 방이 있다는 얘기였다. 당시 나는 음모론 망상증으로 무시했는데, 2014년 영국의 이동통신업체 보더폰Vodafone이 그 의혹이 사실임을 인정했다. Garside, J.(2014), Vodafone Reveals Existence of Secret Wires that Allow State

Surveillance. *The Guardian*, 2014년 6월 6일.

5. 미의회도서관의 장서는 그 규모가 날로 확대되고 있다. 3,600만 권은 이 책을 집필하던 당시의 수치다. Fascinating Facts from the US Library of Congress, loc.gov/about/facts.html 참조.

6. 애플 아이튠즈는 2009년부터 음원에 대한 DRM 기술 적용을 중지했다. Apple to End Music Restrictions. BBC News, 2009년 1월 7일.

7. 적어도 미국에서는, 1998년 10월 28일 빌 클린턴Bill Clinton 대통령이 서명한 디지털 밀레니엄 저작권법Digital Millennium Copyright Act, DMCA에 의거, 불법이다.

8. 저작권 보호를 무장해제하는 이 방법을 두고 '아날로그 구멍Analogue Hole이라고 한다. 현재 다국적 미디어 기업들의 목표는 이 구멍들을 틀어막는 것이다. the Electronic Frontier Foundation, www.eff.org/issues/analog-hole 참조.

9. 이론적으로는, 샘플링이 충분히 높은 속도로 수행된다면 원음의 중요한 정보를 100% 복원할 수 있다. 나이퀴스트-섀넌 정리Nyquist-Shannon sampling theorem에 따르면 그렇다. 하지만 실제로는 샘플링 속도가 너무 높으면 MP3 파일이 너무 커지며, 우리 대부분(특히 시끄러운 통근열차에서 싸구려 헤드폰으로 MP3를 듣는 사람들)은 아이팟이나 핸드폰에 많은 음악을 담을 수만 있다면 고압축 음악 파일의 다소 낮은 음질쯤 기꺼이 참는다.

10. CD는 알고 보면 매우 인상적인 매체이고, 처음 등장했을 때는 더더욱 그랬다. 1980년대 초 기술자들이 TV에 나와 CD에 충격을 가하고 잼을 바르면서 CD는 험한 취급에도 음악 재생에 문제가 없음을 보여줬던 것이 기억난다. 그런 '견고함'이 가능했던 것은 CD 표면의 손자국 등으로 인해 신호를 읽지 못하는 경우 그런 오류를 정정해주는 '교차 인터리브 리드-솔로몬 부호cross-interleave Reed-Solomon error-correction code, CIRC'라는 수학적 마술이 CD 설계에 내장된 덕

분이었다. CIRC의 효과는 대단해서 (이론적으로, 그리고 놀랍게도) 4,000비트, 또는 2.5mm 길이의 스크래치도 보완해준다. Baert, L.(1995), *Digital Audio and Compact Disc Technology*(Focal Press, Boston).

11. 영국국립도서관 덕분에《구텐베르크 성경》이 디지털화 과정을 거쳐 영구히 남게 됐다. 하지만 디지털 복사본이 정말로 종이 원본만큼 오래갈지 누가 알겠는가? www.bl.uk/treasures/gutenberg/background.html 참조.

12. 이메일의 아버지 톰린슨이 이메일 개발 배경에 대해 말한 적이 있다. 왜 이메일을 만들었는가? "괜찮은 생각 같아서." 왜 요상한 @ 기호를 썼나? "그게 편해서." @ 기호는 이름에 쓰지 않기 때문에 이용자 계정명과 호스트명을 혼동 없이 분리하는 표시로 삼기 좋았을 것이다. openmap.bbn.com/~tomlinson/ray/firstemailframe.html 참조.

13. 다음 웹사이트에 BBC 프로젝트에 대한 상세한 내용이 있다. www.bbc.co.uk/history/domesday/story.

14. 리서치회사 라디카티 그룹의 2012년 설문조사에 따른 추정치다.

MP3 플레이어

|ㄱ|

가슨, 그리어 21
가시광선 70~74, 79, 146~147
가온다 90
가이거, 한스 23
가황고무 86, 91, 99
강입자 충돌기 25
건식세탁 138
결정구조 30, 63, 65, 78, 94, 166
계면활성제 40, 146~147
고든, 제임스 90
고어텍스 160~161
고용체 30
골드스미스-카터, 조지 98
공극 119
공진주파수 90
공허의 구름 24
관성 142, 184
광자 69~70
광탄성 88
광퇴화 99~101
구글 208
구두 8, 41~42, 44, 86, 98~99, 169
구리 61, 69~70, 115~117, 185

구심력 187
구텐베르크 210~211
국립문서보관소 212
극성 분자 134~135
금속피로 95, 166
금속활자 210
길레스피, 디지 90

|ㄴ|

나일론 33~34, 87~88, 133, 142,
  145, 152, 155, 159~161
나프토피란 79~80
난방 73, 112~116
난센, 프리드쇼프 98
녹 30~31, 41, 101~102, 186

|ㄷ|

데니어 88
데모크리토스 18
도마뱀붙이 49, 139
돌턴, 존 19
동위원소 21
둠스데이 프로젝트 211
드라이클리닝 110, 138
디젤 179~180, 182

디지털 저작권 관리(DRM) 207
디지털카메라 194, 199~202, 204

|ㄹ|

라듐 21
라이프보이 131
라플란드 103
러더퍼드, 어니스트 23~24
록펠러 디퍼렌셜 애널라이저 197
류코 염료 100
리그닌 103

|ㅁ|

마스든, 어니스트 23
만년필 119~121
맨해튼 프로젝트 197
메소포타미아 60
모나리자 199~200
모노머 32
모래 51, 60~61, 110, 168
모세관 120~121, 143
목선 97~98
목욕 107~109, 124~127
목재 96~97, 102~103, 115
무지개 72, 88
미국항공우주국 104

|ㅂ|

바이어스 컷 166
박테리아 33~34, 45, 131~133

반고체 64
방사능 19, 21~22, 61
방사선 20~21
방수복 159~160
방오가공 145
배수 117~122, 142
배터리 77, 181~186, 204
베크렐, 앙리 20~21
변기 109~110, 116, 121~123, 131
부시, 버니바 197~198
부식 101~102
불소수지 코팅 52
붕규산 유리 66~67
블루린스 67
비결정질 63
비누 41, 50, 52, 107, 109~110, 131,
　　136, 138~139
비열용량 111, 114~116, 124~125
비트맵 199
빨래 136~148

|ㅅ|

사이펀 122~123
사진필름 78~79, 202, 204
산소 16~17, 19, 26, 31~32, 74, 101,
　　111, 134~136, 147, 174~176
산화철 101
샤워 87, 107, 109~110, 116,
　　124~127
선글라스 78~80
섬유 13~14, 33~34, 43, 84, 87~88,
　　96~99, 120, 128, 133~145,

151~167, 205
세면대 117, 119, 122
세제 28, 40, 73, 75, 132, 136~148
세탁 18, 77, 90, 109~110, 116,
    132~133, 136~147, 159
셀룰로오스 89, 103
소립자 21
소성 변형 89~90
소성재료 87~89, 94, 158
수산기 74~75
수소 17, 19, 26, 32, 74, 87,
    108~109, 111, 134~135, 155,
    175, 182
수층 50~54
스노슈즈 54
스케이트 51, 53~54, 97
스킴보딩 51~52
스타킹 88
스테인리스강 31, 83, 101, 152,
    157~158
스투키, S. 도널드 79
스파이크화 169
스펙트럼 70, 72, 74
습식세탁 137~138
신발 34, 41, 44, 54, 103, 152, 164,
    167~169, 187
신축성 85, 87, 90~92, 96~99,
    157~158, 166
실버, 스펜서 45~46
싱크대 117, 119

|ㅇ|

아미스테드, 윌리엄 79
아원자 20, 25
아이젠 54~55
아이튠즈 201, 207
아인슈타인, 알베르트 6~7, 9, 27,
    109
안티에이징 92
알루미늄 30, 34, 69, 101, 114, 179
양성자 24~26, 43
에니악 198
에드워즈, 제이미 22
엔진 89, 153, 174~185
엘라스토머 85
엘라스틱 85, 87~89, 92~93
역청 21
염료 99~100, 146~147
엽층 51
오펜하이머, 로버트 61
올림픽 18, 117, 141, 175~176
우라늄 15, 20~23, 27, 175
울 14, 138, 142, 152~161, 166
워터해머 117
원심력 142, 187
원심탈수 142
원자력발전소 27
원자력위원회 22
원자론 18
원자폭탄 27, 61, 197
원자핵 22~25, 27
웨딩드레스 162
웨트수트 159

웨트클리닝 137
웸블리 100
윌슨, 에드워드 O. 133
유럽원자핵공동연구소 25
유르트 152
윤활유 50, 52~53
응집력 39~40
이산화티타늄 72~74
이진법 195~196, 199, 210
입자가속기 24~25

|ㅈ|

자기장 185
자기치유재료 103~104
자연건조 143
자외선 22, 70~80, 99~100,
    146~147
잭슨, 재닛 83
저작권 207~208
적외선 72, 74
전기변색 77
전기차 180~186
전자책 192, 203~204, 208~209
전해질 77
절약 126
접착력 39~40, 42, 45, 48~49
접착제 14, 37~50, 65, 84, 86,
    103~104, 135
정전기 42~44, 47, 49, 135, 139, 152
제르바, 찰스 123
조깅화 169
주기율표 19

주전자 111~112
중력 7, 38, 48, 78, 117, 143
질소 16, 32

|ㅊ|

철봉 112~113
철조선 98
청바지 162~167
체르노빌 22
치클 85
칫솔 33, 87~88

|ㅋ|

카울로박터 크레센투스 45
캐번디시, 헨리 108
컬링 53
케라틴 157
케블라 33~34
코멧 84, 95
코일 185
콜라겐 98~99
퀴리, 마리 21~22
크레오소트 102~103
크롬 30~31, 101, 174
크리블, 버논 45
킨들 192, 204
킹, 마틴 루서 13

|ㅌ|

타이어 48~49, 53, 83, 85~86,

90~91, 127, 168~169, 184,
 187~188
탄성한도 89, 93
탄소 15, 26, 30~32, 135, 175, 186
테리, 니콜라 124
테플론 52, 152
톰린슨, 레이 211
톰슨, J. J. 20, 23

|ㅍ|

파이 113~114
파이렉스 66
파이프 112, 114, 116~117, 122, 126
파인먼, 리처드 53
파크스, 로자 13
페인트 30, 101~103, 174
펠트 157
포드, 헨리 181
포르셰, 페르디난트 181
포뮬러 184
포스트잇 9, 45~47
폴리머 32~33, 46, 88, 103
표면장력 120, 135~136
표절 207
풀오버 153, 155, 158~159
프라이, 아서 46
플라스틱 14, 16, 32~34, 46, 59,
 65, 68, 79~80, 87~89, 92, 94,
 100~104, 117~118, 126, 128,
 145, 152, 157~160, 169, 179,
 186, 199~200, 204
피전, 월터 21

|ㅎ|

하이브리드 181
하이퍼텍스트 197
할로젠화은 78~79
합금 30~31, 67
해적판 208~209
핵분열 27
핵융합 22, 27
헬륨 15, 23~24
화석연료 26
화장실 62, 121~122, 127, 131
회생 제동 186
후쿠시마 22
휘발유 26, 115, 174~184
휴스, 하워드 191
히드로겔 90
히로시마 22, 27
힉스입자 25

나는 화학으로 세상을 읽는다

1판 1쇄 인쇄 2026년 3월 9일
1판 1쇄 발행 2026년 3월 25일

—

지은이 크리스 우드포드
옮긴이 이재경

—

펴낸이 백성빈
펴낸곳 반니출판
주소 서울 서초구 서초중앙로 69 806호
전화 02-6204-0491
전자우편 banni@banni.co.kr
출판등록 2025년 10월 13일 (제2025-000266호)

—

ISBN 979-11-24280-64-5   03430

—

책값은 뒤표지에 있습니다.
잘못된 책은 구입하신 곳에서 교환해드립니다.